Linguistik und Statistik

Herausgegeben von Siegfried Jäger

» vieweg

Siegfried Jäger ist Professor für deutsche Sprache und Literatur (Schwerpunkt
Soziolinguistik und Sprachdidaktik) an der Pädagogischen Hochschule Ruhr
(Abteilung Hagen) und Schriftleiter des Teilbereiches „Schule und Anwendung"
der Zeitschrift „Linguistische Berichte".

1972

Copyright © 1972 der deutschen Ausgabe by Friedr. Vieweg + Sohn GmbH, Braunschweig
Alle Rechte vorbehalten

No part of this publication may be reproduced, stored in a retrieval system or transmitted,
mechanical, photocopying, recording or otherwise, without prior permission of the copyright hold
ISBN-13: 978-3-528-03705-5   e-ISBN-13: 978-3-322-85868-9
DOI: 10.1007/978-3-322-85868-9

Vorwort

Die in diesem Band versammelten Arbeiten entstammen dem Grenzbereich zwischen Linguistik und Mathematik. Sie zeigen, wie nötig und nützlich es ist, daß sich die Linguistik der Nachbardisziplinen bedient und sich mit ihnen verbindet, wenn die Erkenntnisse der allgemeinen Sprachwissenschaft ausgeweitet werden sollen. Wie die Berührung der Linguistik mit der Soziologie, der Psychologie und anderen Wissenschaftsbereichen dazu beizutragen beginnt, so auch ihre Berührung mit der Mathematik, insbesondere auch mit der mathematischen Statistik. Neben die Teilbereiche Soziolinguistik und Psycholinguistik stellt sich in neuerer Zeit ein weiterer: die statistische Linguistik.

Die hier abgedruckten Aufsätze vermitteln einen Eindruck von der Arbeitsweise dieser neuen Teildisziplin, und zwar in teilweise recht weit fortgeschrittenem Stadium. Neben einem Überblicksartikel von G. Altmann, der den derzeitigen Stand, die Ziele und Möglichkeiten der quantitativen Sprachwissenschaft aufzeigt, steht zunächst ein Beitrag des Amerikaners B. Brainerd, wohl des international bekanntesten Fachmanns auf diesem Gebiet, der die Verteilung des Artikelgebrauchs als einen Indikator für den Stil verschiedener Autoren ermittelt. S. Geršić zeigt die phonetische Variabilität innerhalb eines Dialektes auf. A. Kleinlogel und W. Lehfeldt befassen sich mit dem Versuch, eine Sprachtypologie auf syntagmatisch-phonologischer Grundlage zu gewinnen. W. Müller weist grundsätzliche Möglichkeiten der numerischen Beschreibung sprachlicher Phänomene auf und gelangt zu Ansätzen einer generellen Theorie der statistischen Sprachbeschreibung. P. Nikitopolous befaßt sich mit dem immer noch höchst umstrittenen Problem der Quantifizierung als Grundlage für die Bestimmung von Qualität, womit er den Aspekt der statistischen Linguistik speziell anzielt, der als Generalhypothese hinter allen Arbeiten auf diesem Gebiet steht. H. Richter berichtet über ein im allgemeinen Sinn mathematisch-technisches Verfahren, das statistischen Analysen vorgeordnet werden kann und das zur Gewinnung einer sinnvollen Repräsentation von Daten und für die Materialaufbereitung allgemein dienen kann.

Der Herausgeber dankt den Autoren dieses Bandes nicht nur dafür, daß sie es ihm ermöglichten, diesen Band zusammenzustellen, sondern besonders auch für ihre Geduld und ihr Verständnis, als sich das Erscheinen des Bandes durch nichteingehaltene wiederholte Zusagen zweier weiterer Autoren verzögerte.

Er dankt auch dem Herausgeber dieser Reihe, Peter Hartmann, und dem Verlag für die Aufnahme des Bandes. Mein ganz besonderer Dank aber gilt Gabriel Altmann, durch dessen Vermittlung manche Beiträge gewonnen werden konnten und dessen profunde Kenntnis der Materie die Grundlage für seine freundliche Beratung bei der Zusammenstellung des Bandes bildete, der ohne seine Hilfe nicht zustande gekommen wäre.

Siegfried Jäger

Inhaltsverzeichnis

Status und Ziele der quantitativen Sprachwissenschaft

von Gabriel Altmann

1. Je tiefer die Wissenschaft in ein erforschtes Objekt eindringt, desto kompliziertere Methoden (oder Instrumente) benutzt sie. Aus dieser Erkenntnis folgt, daß jede Methode ihre Grenzen hat und daß man mit ihr nur bestimmte Eigenschaften des Objektes erforschen kann. Die Anzahl der Eigenschaften eines beliebigen Forschungsobjektes kann man praktisch als unendlich bezeichnen. Die Verbesserung der Methoden ist deswegen die grundlegende Voraussetzung für den Fortschritt der Wissenschaft. Die Annahme, daß eine bestimmte Methode — sollte sie anfangs auch noch so revolutionär aussehen — alle Probleme zu lösen imstande sei oder eventuell die einzig richtige Methode darstelle, hat sich im Lauf der Geschichte immer als falsch erwiesen. Zwei verschiedene Methoden können zu demselben Ziel führen, und die Entscheidung, welche von ihnen „besser" ist, hängt dann von den gestellten Kriterien ab (Zweck, Einfachkeit, Schnelligkeit usw.).

Die Verbesserung, Präzisierung der Methoden führt in der Sprachwissenschaft — wie in allen anderen Wissenschaften — in den letzten Jahrzehnten allmählich zu einer radikalen Mathematisierung. Um die Linguistik zu mathematisieren, ist es nicht notwendig, aus der traditionellen Mathematik fertige Modelle zu übernehmen. Jedes Objekt hat seine eigene Mathematik, die die in ihm herrschenden Gesetzmäßigkeiten beschreibt. Wie sich gezeigt hat, ist die klassische Mathematik fähig, viele Aspekte der Sprache zu beschreiben; es gibt jedoch noch eine grosse Menge von solchen Aspekten, die sie nicht zu erfassen vermag. Die Übertragung eines mathematischen Modells auf die Sprache ist nur dann möglich, wenn die Struktur der sprachlichen Erscheinung der des mathematischen Modells analog ist. Grundsätzlich ist also von einem mathematischen Modell zu verlangen, daß die Beziehungen seiner Elemente die Beziehungen der linguistischen Elemente adäquat abbilden. Da die Prozeduren der bisher bekannten Mathematik nicht ausreichen, kann man — dem Beispiel anderer Wissenschaften entsprechend — voraussetzen, daß sich bestimmte mathematische Modelle direkt in der Sprachwissenschaft entwickeln werden oder daß die Sprachwissenschaft die Mathematik inspirieren wird. Die Benutzung von linguistisch-mathematischen Modellen in anderen Wissenschaften ist dadurch keinesfalls ausgeschlossen.

Vorläufig unterscheidet man die „mathematische" Linguistik von der „nichtmathematischen" aufgrund der Methoden, die diese zwei Richtungen benutzen. (Die mathematische Linguistik „benutzt Formeln"). Jedoch wird dieser Unterschied durch allmähliche Präzisierung der Methoden im klassischen Teil der Linguistik verschwinden. Die Grenze zwischen diesen beiden Richtungen ist nicht klar ausgeprägt. Auf der einen Seite ist die Exaktheit auch ohne klassische Mathematik und Formeln möglich, auf der anderen Seite aber reicht die Benutzung von mengentheoretischen anstelle von verbalen Definitionen nicht aus, um eine Arbeit als „mathematische" zu betrachten. Viel klarer ist der Unterschied zwischen der qualitativen und der quantitativen Linguistik. Die *qualitative Sprachwissenschaft* versucht die Sprache und ihre Gesetzmäßigkeiten mit exakten, nichtnumerischen Methoden zu beschreiben, die entweder aus der traditionellen Mathematik stammen oder sich innerhalb der Sprachwissenschaft entwickeln. Mit Erfolg hat man viele Erkenntnisse aus der Algebra, der Mengenlehre, der symbolischen Logik und der Graphentheorie übernommen. *Die quantitative Sprachwissenschaft* versucht die Sprache mit numerischen Methoden zu beschreiben, d. h. ihre Eigenschaften mit Hilfe von Zahlen, Vektoren, mathematischen Funktionen, Matrizen, Graphen u. ä. zu charakterisieren. In diesem Bereich wurden bisher erfolgreich die Statistik, die Wahrscheinlichkeitsrechnung, die Informationstheorie und die Enumerationsprozeduren der Graphentheorie benutzt.

2. Sporadische Einwände gegen die quantitative Linguistik von seiten der „qualitativen" Linguisten beruhen entweder auf einem Mißverständnis, auf der Unkenntnis der Sachlage oder auf der Kritik einer konkreten „quantitativen" Arbeit, deren Methode oder deren Beitrag problematisch ist. Daß einzelne notwendigerweise Fehler begehen, bedeutet noch nicht, daß man die Notwendigkeit dieser Disziplin völlig verneinen muß — sonst müßte man auch die Notwendigkeit der qualitativen Linguistik bezweifeln. Um den Status der quantitativen Sprachwissenschaft zu bestimmen, führen wir im weiteren einige Unterschiede im Vergleich mit der qualitativen Sprachwissenschaft an.

(A) Seit Saussure betrachtet die Linguistik die Sprache als ein System, in dem ein strenger Determinismus herrscht. Jede Veränderung verursacht die Veränderung des ganzen Systems, weil alle Beziehungen in ihm Implikationscharakter haben. Die einzige Form der Regel ist das rigorose Gesetz. Für den Fall, daß einige Individuen dem gegebenen allgemeinen Gesetz nicht folgen, muß man für sie ein anderes spezielles Gesetz aufstellen. Dieser Nachdruck auf der Individualität sprachlicher Erscheinungen und auf festen Gesetzmäßigkeiten ist typisch für die klassische Linguistik und hat sein Vorbild in der klassischen Epoche der Naturwissenschaften, in denen sich heute auch der probabilistische Gesichtspunkt durchgesetzt hat. Die Sprache ist — ähnlich wie die andere Welt — nicht nur ein Ensemble von Individuen, sondern zugleich auch eine Massenerscheinung, für die die Gesetze der Massenerscheinungen gelten.

Die quantitative Linguistik leugnet nicht die Existenz der *Gesetze* in der Sprache, daneben aber läßt sie auch die Existenz der *Tendenzen* (statistischen Gesetzmäßigkeiten) zü. Das Gesetz wird als eine Extremform der Tendenz betrachtet. Die funktionellen Abhängigkeiten sind lediglich spezielle Fälle der stochastischen Abhängigkeiten. Die quantitative Linguistik streitet nicht ab, daß die Sprache in jedem Augenblick ihrer Existenz ein System ist, zugleich aber sieht sie auch, daß der gegebene Zustand der Sprache ein Übergangsstadium zwischen dem vorgehenden und dem folgenden Zustand ist. Der Übergang zwischen zwei Zuständen verwirklicht sich entweder kraft bestehender Entwicklungstendenzen oder derart, daß bestimmte synchronische Gesetze zu Tendenzen abgeschwächt werden oder indem die Tendenzen ihre Extremwerte, d. h. die Kraft eines Gesetzes erreichen. Ohne Tendenzen kann man sich die Entwicklung der Sprache schwer vorstellen. In der Sprache können nicht nur deterministische Strukturen existieren, denn sonst würde auf dem syntagmatischen Plan eine fast vollkommene Redundanz herrschen, und außer dem ersten Element einer Sequenz würde kein anderes Information bringen, was dem Charakter der Sprache widerspricht. Die Sprache verlangt eine bestimmte Redundanz, um gegen

Störungen gesichert zu sein, aber eine Sprache, in der nur ein kleiner Teil der Elemente Information bringt, verliert ihre raison d'être. Die Sprache realisiert sich in der Zeit nicht nur als eine Kette, deren Elemente voraussagbar sind, sondern ebenso als ein stochastischer Prozeß. Auch der paradigmatische Plan ist nicht frei von probabilistischen Bestimmungen, die sowohl in der Grammatik wie auch in der Semantik genügend bekannt sind.

Die Sprache ist also sowohl System als auch Übergangsstadium; auf ihrem paradigmatischen und syntagmatischen Plänen herrschen zugleich Gesetze und Tendenzen, die man gemeinsam Regeln nennen kann. Die qualitative Linguistik kann nur die Gesetzmäßigkeiten untersuchen, d. h. sie ist nicht fähig, die Sprache erschöpfend zu beschreiben. Bei der Beschreibung von Tendenzen liefert sie als Resultate nur Hypothesen, die man statistisch überprüfen muß. Die quantitative Linguistik läßt gewöhnlich die Gesetzmäßigkeiten außer acht, weil diese sozusagen auf der Oberfläche der Sprache liegen und zu ihrer Beschreibung eine algebraische oder mengentheoretische Formalisierung genügt, und sie betrachtet nur diejenigen Bereiche der Sprache, in denen Tendenzen oder die Gesetze der Massenerscheinungen herrschen. Beispielsweise reicht für die Beschreibung der Vokalharmonie im Ungarischen, die ganz evident ist, eine einfache mengentheoretische Formalisierung aus, die zeigt, wie die Vokale des Stammes die Vokale der Suffixe implizieren[1]). Zur Beschreibung der Vokalharmonie in einer austronesischen Sprache muß man aber statistische Auswertungsmethoden heranziehen[2]). Die Vokalharmonie gilt hier für die Sprache als ganze, nicht aber für einzelne Einheiten. Die quantitative Linguistik ist also eine notwendige Ergänzung der qualitativen Linguistik und bedeutet eine Vertiefung der Sprachforschung. Die Notwendigkeit der qualitativen Linguistik wird dadurch nicht angefochten, im Gegenteil, sie bildet die Voraussetzung der quantitativen Linguistik.

(B) Die bekannte Aussage „Die Aufgabe der Wissenschaft ist es, das zu messen, was meßbar ist, und das, was nicht meßbar ist, meßbar zu machen" gilt auch für die Sprachwissenschaft, die zum größten Teil eine Art des Messens ist. Das *Messen* ist ein Verfahren, mit dessen Hilfe man die Eigenschaften der Objekte in eine Zahlenmenge abbildet, in der die Beziehungen zwischen den Elementen (d. h. Zahlen) die Beziehungen zwischen den Objekten (oder Stufen der Eigenschaft) adäquat darstellen. Die Festsetzung der Meßeinheit und der Skala erfolgt nicht immer automatisch. Wenn die Eigenschaft keine natürlichen Grade hat, muß man diese Voraussetzungen konventionell festsetzen, wie das auch in den exakten Wissenschaften üblich ist. Bisher ist eine ganze Menge von Skalen bekannt, von denen wir nur die üblichsten erwähnen. Auf der *kategorischen Skala* kann man die Äquivalenz der Objekte messen, d. h. ob zwei Objekte gleich oder nicht gleich sind, und zwar durch ihre Einordnung in eine der gegebenen Kategorien. Auf der *ordinalen Skala* kann man messen, welches von zwei Objekten eine größere Menge der gegebenen Eigenschaft besitzt. Die Objekte kann man dann in eine Reihenfolge ordnen (z. B. die Härteskala). Auf der *Intervallskala* kann man zusätzlich auch die Größe des Unterschiedes zwischen zwei Objekten messen. Die Einheit und der Nullpunkt sind unwesentlich. Für zwei verschiedene Intervallskalen ist das Verhältnis von zwei Intervallen gleich. Die *Verhältnisskala* hat auch einen richtigen Nullpunkt, und das Verhältnis von zwei Werten für zwei verschiedene Skalen ist gleich. Jede höhere Skala verfügt auch über die Vorteile der niedrigeren Skalen, woraus folgt, daß das Messen desto vollkommener ist, je höher die benutzte Skala ist.

Betrachtet man die qualitative Linguistik, so sieht man, daß die einzige Skala, die sie benutzen kann, die kategorische oder nominale Skala ist, auf der man die Objekte einfach in bestimmte Kategorien (Klassen) einordnet, d. h. ihnen Namen zuschreibt. Z. B. die Klassifikation der Morpheme nach ihren Eigenschaften in lexikalische, in grammatische, in peripherale, in Wurzelmorpheme, usw.; die Klassifikation der Sprachen nach der klassischen Typologie in fünf Typen je nachdem, welche morphologischen Prozeduren die Sprache *am meisten* benutzt; oder die Klassifikation der Wörter in Arten (Nomen, Verbum, Pronomen, usw.), sind alles Messungen auf der kategorischen Skala. Die qualitative Linguistik beschränkt sich vom meßtheoretischen Standpunkt auf solche Verfahren. Im Extremfall reduziert man diese Skala auf zwei Kategorien. Man bekommt dann eine *dichotomische Skala*, die sich in der strukturellen binaristischen Linguistik durchgesetzt hat. Das binaristische Prinzip findet zwar eine bestimmte Unterstützung in der Informationstheorie, aber in vielen Fällen reduziert es tatsächlich nichtbinäre Daten auf binäre. Sogar der Definitionsbereich einer kontinuierlichen Veränderlichen wird nach diesem Prinzip in zwei Hälften geteilt, und die linguistische Entität wird entweder in die Klasse A oder die Klasse B (bzw. A bei kontradiktorischer Bestimmung) eingeordnet. Wenn eine solche Verteilung der Entitäten direkt im Charakter der Sprache liegt, wenn also ein natürlicher Punkt (Schwelle) existiert, der den Unterschied zwischen den Eigenschaften eindeutig delimitiert, dann ist dieses Verfahren berechtigt. Im anderen Fall gewinnt man durch die Dichotomisierung an Einfachheit, verliert aber viel Information. Die kategorische bzw. dichotomische Skala ist bei diskreten (nichtkontinuierlichen) Erscheinungen noch am besten, weil dort der Informationsverlust am geringsten ist. Die meisten Prozeduren der modernen linguistischen Analysen sind Messungen auf der kategorischen Skala. Wenn dieses Messen unserem Zweck entspricht, ist es nicht notwendig, höhere Skalen einzuführen. Es bleibt aber die Tatsache bestehen, daß die qualitative Linguistik nicht imstande ist, tiefer in die Sprache einzudringen, weil sie nicht die Fähigkeit besitzt, auf einer höheren Skala zu messen. Das Instrument, das sie benutzt, erlaubt es ihr nicht.

Mit einer unendlichen Anzahl von Beispielen kann man die Tatsache illustrieren, daß es in der Sprache auch Erscheinungen gibt, die man auf höheren Skalen messen muß, wenn man die Sprache tiefer erforschen will. Hier liegt die Aufgabe der quantitativen Linguistik, die sich an die Resultate der qualitativen Linguistik anlehnt. Wir werden zwei verhältnismäßig bekannte Beispiele anführen: (1) Die Identifikation der Laute nach der Artikulationsstelle ist ein Messen auf der kategorischen Skala, d. h. der Laut wird in eine Kategorie eingeordnet, z. B. [p] ∈ Bilabiale Laute. Hier kann man eindeutig feststellen, daß z. B. [p] ≠ [k]. Auf der ordinalen Skala kann man auch die Reihenfolge der Laute festsetzen, und zwar von vorne nach hinten oder umgekehrt, und man kann ihnen ordinale Zahlen zuordnen[3]). Die Intervalle zwischen diesen Ordinalzahlen entsprechen nicht den Intervallen zwischen den Artikulationsstellen der Laute, sie stellen nur eine Approximation dar. Das Problem ist aber, ob das Messen der tatsächlichen Intervalle irgendwie möglich und nützlich wäre. In jedem Fall bringt das Messen auf der Ordinalskala mehr Information, weil man außer der Tatsache, daß [p] ≠ [k], hier sehen kann, daß [p] < [k] (wobei < bedeutet „frontaler als") und weil man außerdem angeben kann, um wieviele Artikulationsstellen [p] vor [k] steht. (2) Die klassische Typologie klassifiziert die Sprachen in fünf Typen (isolierend, flektierend, introflektierend, agglutinierend, polysynthetisch), und zwar aufgrund der mor-

phologischen Prozeduren, derer sich die Sprachen bedienen. Es ist aber offensichtlich, daß
die Sprachen gewöhnlich mehrere Prozeduren zugleich benutzen, die einen in höherem,
andere in niedrigerem Maße, so daß die Zuordnung einer Sprache z. B. zum flektierenden
Typ eigentlich keine Information vermittelt. Die kategorische Skala erweist sich hier als
zwecklos. Die quantitative Typologie (nicht nur morphologische) dagegen gibt die Maße
einzelner Eigenschaften der Sprache an und ist imstande, das Messen mindestens auf der
Intervallskala durchzuführen[4]).

Im allgemeinen zeigen sich in der letzten Zeit in den linguistischen Arbeiten neben
der Auszählung von Regeln immer häufiger elementare statistische Angaben. Die Autoren
stellen offensichtlich fest, daß die Sprache nicht nur hundertprozentige Gesetze hat und
daß man Aussagen wie „viel", „wenig", „häufig", „größerer Teil", „fast immer", usw. bei
der Beschreibung der Sprache durch genauere Angaben ersetzen muß.

(C) Die Probleme, die die qualitative mathematische Linguistik löst, sind nicht in
jedem Falle neu. Der formale Ausdruck linguistischer Tatsachen mit einem algebraischen
oder einem mengentheoretischen Apparat ist gewöhnlich bloße Formalisierung, die nichts
Neues bringt. In diesem Bereich hat sich fast ein Wettbewerb in der Aufstellung neuer Modelle entwickelt, die immer eleganter, immer ökonomischer und manchmal auch mit besse-
rer Approximation bekannte sprachliche Tatsachen beschreiben. Nur wenige Arbeiten in
diesem Bereich kann man wirklich heuristisch nennen[5]), ihre Bedeutung liegt vor allen Dingen in der Exaktisierung des Ausdrucks. Dagegen bringt auch die primitivste quantitative
Arbeit *neue Tatsachen* über die Sprache, die die qualitative Linguistik nicht beschreiben
kann. Die Aufmerksamkeit der meisten Linguisten ist vorläufig auf die Ebene von Gesetzen
der Sprache gerichtet, deren Erforschung zur guten linguistischen Tradition gehört. Die
quantitative Linguistik zeigt aber darüber hinaus weitere mehr verborgene Bereiche mit bisher unbekannten Problemen, die in modernen linguistischen Theorien überhaupt nicht in-
korporiet sind. Der Grund dafür liegt freilich in dem Umstand, daß die quantitative Forschung noch in ihrem Anfängen steckt, viele Resultate ohne vorhergehende Hypothesen
und durch ungenügende oder durch falsche Interpretationen zustande kommen, so daß
ihr Beitrag zur Theorie der Sprache vorläufig gering ist. Die ungenügende Forschung und
das zunächst geringe Interesse der Linguisten kann ihre Wichtigkeit keineswegs verringern,
da die Entdeckung einer neuen Spracherscheinung einen größeren heuristischen Wert besitzt als die formale Beschreibung einer bekannten Tatsache.

(D) Die klassische Linguistik war ausgesprochen induktiv, die moderne Linguistik
bringt dagegen *deduktive Prozeduren* in die Sprachforschung. Deren Bedeutung ist zweifellos groß, abgesehen davon, daß bisher nur partielle Modelle für bestimmte Institutionen der
Sprache existieren. Die Kraft des deduktiven Modells beruht darauf, daß man aufgrund seiner inneren Logik Sätze ableiten und beweisen kann, die unter vorher bestimmten Bedingungen gelten. Unangenehm an der Sache ist gewöhnlich die Tatsache, daß in empirischen
Wissenschaften die Bedingungen von der Realität gestellt werden, und wenn die Bedingungen des Modells nicht vollkommen den realen Bedingungen entsprechen, dann sind die be-
wiesenen Sätze zwar logisch korrekt, aber sie widersprechen der Wirklichkeit. Dieser Fall
tritt in der Linguistik sehr häufig ein. Einige Modelle sind zu breit, d. h. die sprachliche
Erscheinung ist sozusagen eine echte Untermenge des Modells, andere sind zu eng, d. h. sie
erfassen nur einen Teil der sprachlichen Erscheinung, und es gibt auch solche Modelle, die

nur eine Überschneidung mit der sprachlichen Erscheinung haben. Eine vollkommen Übereinstimmung wurde bisher nur in sprachlichen Mikrosystemen erreicht. Ein anderer Mangel dieser Modelle sind innere Widersprüche, die man erst später entdeckt. Trotz dieser Mängel kann man nicht bestreiten, daß die deduktive Linguistik eine große Bedeutung für die Theorie der Sprache hat. Der Anschluß an die Mathematik, der sich hier durchsetzt, hat sich bisher für jede Wissenschaft als nützlich erwiesen.

Die quantitative Linguistik, die hauptsächlich auf Statistik beruht, hat ausgesprochen induktiven Charakter. Ihre Methode, die Sprache zu erforschen ist die *induktive Inferenz*. Die Aussagen der quantitativen Linguistik sind nicht kategorisch, weil man jedesmal zeigen kann, mit welcher Wahrscheinlichkeit die betreffende Verallgemeinerung gilt. Durch die induktive Inferenz werden in jedem Falle neue Erkenntnisse gewonnen. Die ganze Prozedur der quantitativen Forschung kann man in folgende Schritte zusammenfassen: (1) Aufstellung der linguistischen Hypothese, wobei der Phantasie des Forschers keine Grenzen gesetzt sind, weil man jede Hypothese verifizieren oder falsifizieren kann. (2) Übersetzung der gegebenen Hypothese in die Sprache der Statistik, d. h. statistische Formulierung der Hypothese. (3) Gewinnung von rohen Daten, an denen man statistisch testet, ob die Hypothese richtig war. (4) Das Resultat wird statistisch interpretiert, und man trifft eine Entscheidung. (5) Das Resultat der Entscheidung wird linguistisch interpretiert und verwertet. — In einem großen Teil quantitativer Arbeiten findet man leider keine statistische Analyse, sondern eine intuitive Interpretation von rohen Häufigkeitsdaten, durch die man keine neuen Erkenntnisse gewinnt.

Die quantitative Linguistik arbeitet aber nicht nur induktiv. Sobald man nämlich feststellt, daß eine sprachliche Erscheinung alle Bedingungen für ein bestimmtes statistisches Modell, z. B. für eine Verteilung, erfüllt — was man leicht nachprüfen kann — dann kann man über sie rein aufgrund der mathematischen Operationen, die in diesem Modell möglich sind, weitere Schlüsse ziehen. Der ganze weitere Prozess erfolgt dann *deduktiv*, wobei die Logik des statistischen Modells die Widerspruchlosigkeit, und die Übereinstimmung der Bedingungen im Modell und in der Sprache die Adäquatheit des Modells garantieren.

3. Die Ziele der qualitativen Linguistik, sowohl die der mathematischen wie auch die der nichtmathematischen, sind bekannt und infolge von langjährigen Traditionen zweifelt niemand an ihrer Wichtigkeit. Die genügende Anzahl von Interessenten gewährleistet die akademische Existenz jeder Disziplin der qualitativen Linguistik. Dagegen ist die Anzahl der Interessenten für die quantitative Linguistik vorläufig klein, und zwar nicht nur deswegen, weil diese Disziplin eine gewisse mathematische Vorbildung erfordert, sondern auch deswegen, weil ihre Ziele den meisten Linguisten unklar sind. Im folgenden werden nur die evidentesten Ziele erwähnt, die zur Aufklärung des Status der quantitativen Linguistik beitragen können.

(A) *Das praktische Ziel* des Messens und des Enumerierens der sprachlichen Erscheinungen ist offensichtlich. Die Häufigkeiten von Phonemen, Buchstaben, Wortendungen usw. benutzt man in der Stenographie, im Druckwesen, beim Dechiffrieren geheimer oder bisher nichtgelöster Schriften und Sprachen, in der Dokumentation, in der Kodierung, in der Telekommunikation usw. Häufigkeitswörterbücher verschiedener hyperphonemischer Einheiten, semantische Frequenzlisten, Assoziationsprozeduren usw. verwendet man z. B. in der

Psychologie, in der klinischen Praxis, beim Sprachunterricht, in der Inhaltsanalyse. Sprachliche Einheiten stellen nicht nur bestimmte Qualitäten dar, sondern es gehört zu ihrer Existenz in natürlichen Sprachen (als Attribut) eine bestimmte Häufigkeit des Vorkommens,
deren Berücksichtigung eine ganze Reihe von praktischen Problemen lösen hilft.

(B) Die quantitative Linguistik dient als *Hilfsdisziplin der qualitativen Linguistik*.
Die Zahlen sind nicht das Endziel der Forschung, sondern dienen nur als Indikatoren bestimmter Qualitäten. Die Sprachwissenschaft ist nicht an reinen Zahlen interessiert, sondern an der Dechiffrierung des Mechanismus der Sprache, dessen Bestandteile sich aber häufig am besten durch numerische Relationen ausdrücken lassen. Quantitative Prozeduren
sind in der Sprachwissenschaft nur ein Instrument, genauso wie in der Physik, der Chemie,
der Biologie, der Psychologie und in anderen Sparten, jedoch ein sehr vollkommenes und
unentbehrliches Instrument. Es muß überall dort eingesetzt werden, wo die qualitativen
Methoden nicht mehr ausreichen. Die quantitative Linguistik zwingt die qualitative zur
Entwicklung von Methoden für die eindeutige Identifizierung der Einheiten, und oft liefert
sie selbst Segmentations-, Identifikations- und Klassifikationskriterien[6]). Eine reine Hilfs-
rolle spielt sie z. B. in der Computerlinguistik, wo eine häufigkeitsmäßige Anordnung von
Daten eine Ersparnis an Maschinenzeit bedeutet. Sogar gewisse dominante Eigenschaften
der Sprache, die anscheinend ausgesprochen in der Kompetenz der qualitativen Linguistik
fallen, z. B. die Grammatikalität, äußern sich in bestimmten Quantitäten[7]). Mit der Zeit
wird es sich herausstellen, daß noch eine ganze Reihe von Eigenschaften keinerlei festen
kategorischen Charakter besitzt, wie man bisher vermutet hat. Die qualitative Linguistik
muß die Voraussetzungen des Messens schaffen, allerdings fällt ein Messen auf höheren
Skalen nicht in ihre Kompetenz.

(C) Das Ziel der quantitativen Linguistik ist es, die quantitativen *Eigenschaften der
Sprache mit einer exakten, kondensierten Form zu charakterisieren*. Diesem Zweck dienen
am besten Indizes, Vektoren, Funktionen und Graphen (oder Matrizen). Die Charakterisierung bildet den ersten Schritt für die weitere Auswertung und Bearbeitung. Natürlich
zielt sie auch darauf, die qualitativen Eigenschaften der Sprache zu charakterisieren, soweit
wir fähig sind, sie meßbar zu machen. In mehreren Wissenschaften hat man sich sehr darum
bemüht, Meßprozeduren zu entwickeln, weil sich bei vielen Qualitäten herausgestellt hat,
daß sie eigentlich Kombinationen von quantitativ meßbaren Erscheinungen sind. Die Linguistik ist in dieser Hinsicht stark unterentwickelt, in „qualitativen" Arbeiten erscheinen
jedoch immer häufiger auch Vorschläge zum Messen der Eigenschaften, die man nur quantitativ ausdrücken kann.

(D) Die Beschreibung der Eigenschaften ist die Voraussetzung für ihren *Vergleich*.
In der Sprachwissenschaft haben sich mehrere Arten des Vergleiches entwickelt, die zwei
verbreitetsten sind die genetisch-historische und die typologische.

Beim genetisch-historischen Vergleich mißt man den Verwandtschaftsgrad bzw. die
Unterschiede zwischen verwandten Sprachen oder die Veränderungen in einem neueren
Stadium der Sprache in Vergleich zu einem älteren Stadium oder einer Rekonstruktion.
Wenn man die Messeinheit festsetzt, kann man die Größe der Veränderung oder des Unter-
schiedes quantitativ ausdrücken. Die Sprache verändert sich nicht sprunghaft, sondern all-
mählich, d. h. zwischen dem Entstehen einer Entität und ihrer produktiven Ausnützung

liegt eine ganze Reihe von winzigen Veränderungen und auch umgekehrt, zwischen ihrer produktiven Ausnützung und ihrem Untergang. Ein Wort z. B. verschwindet nicht plötzlich, sondern allmählich mit abnehmender Frequenz seines Vorkommens. Wie oben erwähnt wurde, entwickelt sich die Sprache in der Weise, daß Gesetze zu Tendenzen abgeschwächt werden oder daß Tendenzen ihre Kraft verändern. Nichthäufigkeitsmäßige Veränderungen verlaufen ebenfalls allmählich, erst in einem kritischen Punkt kann die Entität im Rahmen des ganzen Systems einen anderen Status annehmen. Die veränderte Frequenz kann nicht nur ein Veränderungsindikator sein, sondern auch Veränderungsursache. ZIPFS Forschungen in dieser Richtung sind hinreichend bekannt[8]). Die quantitative Linguistik bemüht sich, die Entwicklung z. B. mit einer mathematischen Funktion auszudrücken, aus der man den Stand in jedem Punkt (Zeit) bestimmen und durch Extrapolation auch die weitere Entwicklung voraussagen kann, wenn alle Bedingungen erhalten werden.

Während man in der genetisch-historischen Linguistik verwandte Einzel- oder Ganzheiten vergleicht, vergleicht die typologische Linguistik nur Ganzheiten (wholes), ganze Institutionen der Sprache. Genetisch kann man z. B. ein Suffix oder die ganze Suffixation vergleichen, typologisch nur die Suffixation als ganze, ohne Rücksicht auf Einzelheiten. Die Typologie untersucht die Variabilität sprachlicher Erscheinungen, und auf ihrer niedrigeren Ebene klassifiziert sie die Sprache nach ihnen. Die quantitative Typologie mißt die Variabilität sprachlicher Erscheinungen mindestens auf der Ordinalskala, Aussagen wie „die Sprache L ist agglutinierend" werden durch Aussagen wie „das Maß der Agglutination in der Sprache L ist x" ersetzt[9]). Es ist offensichtlich, daß quantitative Vergleiche und die auf ihnen beruhende Klassifikation exakter ist, wenn die sprachlichen Erscheinungen nicht ausgesprochen dichotomischer (oder kategorischer) Natur sind.

Die quantitative Linguistik versucht also auch die komparative Linguistik zu präzisieren, und zwar durch Messen der Entwicklung und der Unterschiede sowie durch Einführung einer numerischen Klassifikation.

(E) Die Sprache besteht aus einem komplizierten Netz von Beziehungen, die nicht nur auf derselben Ebene existieren, sondern auch zwischen den Ebenen. Die Eigenschaften der Sprache sind voneinander abhängig, und diese Abhängigkeit weist verschiedene Grade aus. Daraus folgt, daß man den Grad einer Eigenschaft mit bestimmter Wahrscheinlichkeit aus anderen Eigenschaften berechnen kann. Die quantitative Linguistik setzt sich das Ziel, alle *latenten Abhängigkeiten in der Sprache zu entdecken* und die grundlegenden, elementaren Eigenschaften festzustellen, aus denen man die anderen voraussagen kann. Dasselbe Ziel wird auch auf der höheren Ebene der Typologie gestellt. Latente Abhängigkeiten haben stochastischen Charakter, und zu ihrer Feststellung muß man sich statistischer Prozeduren bedienen. Intuitive Schätzungen und die Reduzierung des Messens auf die kategorische Skala ist bei der Erforschung der stochastischen Abhängigkeiten in der Sprache sinnlos.

(F) Die quantitative Linguistik ist imstande, zu zeigen, daß viele Erscheinungen der Sprache alle Bedingungen erfüllen, unter denen bestimmte Wahrscheinlichkeitsmodelle gelten. Da diese Modelle auch auf nichtlinguistische Erscheinungen anwendbar sind, zeigt die quantitative Linguistik die *Analogien zwischen Sprache und Erscheinungen der anderen Welt*[10]). Dadurch hört sie auf, eine Wissenschaft für sich zu sein und wird zu einer Disziplin, aus der auch andere Wissenschaften Nutzen ziehen können. Das Ziel der quantitativen Linguistik besteht also darin, bestimmte Aspekte der Ähnlichkeit der Sprache und der Welt zu erforschen und den Anschluß an die exakten Wissenschaften herzustellen.

(G) Einige linguistische Disziplinen werden ohne praktische Zwecke betrieben und entwickelt, in vollkommener Isolation von anderen Disziplinen, rein aus heuristischen Gründen, weil für die Wissenschaft jede Erkenntnis gleich wichtig ist. Dieses Ziel — neue Erkenntnisse nur um ihrer selbst willen zu bringen — kann man auch der quantitativen Linguistik nicht übelnehmen, die sich auf einem verhältnismäßig komplizierten Weg um die Gewinnung solcher Erkenntnisse bemüht. Erforschung der Sprache heißt nicht nur die Untersuchung der Grammatik und anderer Gebiete, die man traditionsgemäß pflegt, sondern aller Mechanismen, die in der Sprache mitwirken.

Die Ziele der quantitativen Linguistik sind also um nichts geringer oder unwichtiger als die Ziele der qualitativen Linguistik, weil sie im Grunde mit diesen identisch sind. Die Unterschiede liegen in der Ontologie, der Methodologie und der Gnoseologie dieser beiden Richtungen. Man kann nicht behaupten, eine von ihnen sei besser als die andere, weil beide in ihrer Weise die Probleme der Sprache zu lösen versuchen und dabei die besten Methoden, die ihnen zur Verfügung stehen, anwenden. Die quantitative Linguistik kann ohne die qualitative nicht existieren, jedoch gilt dasselbe auch umgekehrt, wenn die qualitative Linguistik nicht für immer auf der Oberfläche der Sprache bleiben will.

Bemerkungen

[1] Vgl. *F. Kiefer*, Mathematical linguistics in Eastern Europe. New York 1968. S. 3—5.

[2] Z. B. *V. Krupa*, The phonemic structure of bivocalic morphemic forms in Oceanic languages. Journal of the Polynesian Society 75, 1966, 458—497.

[3] Vgl. z. B. *J. E. Grimes, F. B. Agard*, Linguistic divergence in Romance. Language 35, 1959, 598—604; *Peterson, G. E., Harary, F.*, Foundations in phonemic theory. In: *R. Jakobson* (Ed.), Structure of language and its mathematical aspects. Providence 1961. S. 139—165, wo Distanzfunktionen vorgeschlagen werden.

[4] *J. H. Greenberg*, A quantitative approach to the morphological typology of languages. IJAL 26, 1960, 178—194.

[5] Vgl. *Kiefer*, o. c. S. 1—9.

[6] Vgl. z. B. *Z. S. Harris*, From phoneme to morpheme. Language 31, 1955, 190—222; A. Ellegard, Design for a mechanical distribution analysis of English word classes. Structures and Quanta, Copenhagen 1963. S. 5—21; *A. Juilland*, Structural relations. The Hague 1961.

[7] Vgl. *N. Chomsky*, Aspects of the theory of syntax. Cambridge 1965. S. 11: "Like acceptability, grammaticalness is, no doubt, a matter of degree . . .". Für das Messen der Grammatikalität in der Phonologie vgl. z. B. *R. Scholes*, Phonotactic grammaticality. The Hague 1966.

[8] *G. K. Zipf*, The psychobiology of language. Cambridge 1965^2.

[9] In der letzten Zeit entwickelt sich insbesondere die phonologische und morphologische Typologie.

[10] Vgl. die Bemerkung von *A. S. C. Ross* in *W. Jackson* (Ed.), Communication Theory. London 1953. S. 532.

Article use as an indicator of style among English-language authors

by Barron Brainerd[*]

Zusammenfassung: Im Englischen ist der Artikel wohl diejenige Wortart, die sich am einfachsten untersuchen läßt. In dem vorliegenden Beitrag betrachten wir die Distribution der Artikelhäufigkeit in Textblöcken von je 50 Wörtern bei einer größeren Anzahl verschiedener Gattungen und Autoren. Es zeigte sich, daß in den meisten Fällen eine annähernde Poisson-Verteilung mit verschiedenen Werten des Parameters λ vorliegt.

Von dieser Beobachtung ausgehend, kommen wir zu den folgenden Ergebnissen:

(1) Im allgemeinen ist der Artikelgebrauch in den Werken eines Autors nicht konstant.

(2) In einem einzigen Werk, z. B. einem Roman, variiert der Artikelgebrauch: Dialogpassagen enthalten signifikant weniger Artikel als erzählende Passagen.

(3) Einiges spricht dafür, daß der Artikelgebrauch gattungsspezifisch ist. Schauspiele z. B. enthalten im allgemeinen weniger als 3 Artikel je Textblock, Romane enthalten 3–5 Artikel je Textblock und wissenschaftliche Literatur enthält mehr als 5 Artikel je Textblock.

Introduction

The relative frequencies of individual words and of word-classes have been used by various researchers as indicators of the style of certain authors [3, 9] and the style of certain periods [4].

One of the most readily sampled word-classes in English is the class of articles (*a, an,* and *the*), and to this researcher's knowledge, this class has received little specific consideration in the literature. Exceptions are the works of G. R. HAMILTON [4] where the definite article (*the*) is considered from a diachronic point of view and of J. KRAMSKY [6] where the author attempts to distinguish genres using counts of definite and indefinite articles.

Here we take a slightly different direction and consider the class of articles as a whole.

A naive researcher might consider sampling the whole text of a number of works by various authors, using various styles, in order to obtain the relative frequency of articles in each case and then compare the results. For example, from KUČERA and FRANCIS [7, pp. 277, 281], we obtain Table 1 for works in present-day standard American. KUČERA and FRANCIS give the relative frequency of the first hundred most frequent words, among which are the word-types *a, an* and *the*. In Table 1 we have simply multiplied their relative frequencies by 50 to obtain an average frequency of articles per 50-word passage. From Table 1 we see that the highest value, 5.158 arts./50 words, occurs for Learned and Scientific Writing while the lowest, 3.862 arts./50 words, occurs for Romance and Love Stories.

* The author wishes to thank his coworkers Evelyn Center and Ruben Friedman who did most of the word counts and the National Research Council of Canada for its financial support.

Genre	relative frequence	no. of arts /50wd
Press: Reportage		4.985
Press: Editorial		4.883
Press: Reviews		4.908
Religion		4.772
Skills and Hobbies		4.713
Popular Lore		5.038
Belles Lettres, Biography, etc.		4.868
Miscellaneous		4.657
Learned and Scientific Writing		5.158
Fiction: General		4.527
Fiction: Mystery and Detective		4.293
Fiction: Science		4.107
Fiction: Adventure and Western		4.600
Fiction: Romance and Love Stories		3.862
Humor		4.462
Total sample	.0956	4.780

Table 1: Mean article counts in 50-word blocks constructed from KUČERA and FRANCIS [7, pp. 277, 281].

The question of whether or not these departures from the average frequency of 4.780 arts. /50 words (obtained for the whole sample) are significant is difficult to answer decisively.

We might proceed as follows: Let the relative frequency .0956 of an article in the whole corpus of [7] be taken as the probability that an article occurs in a random selection of a word from among all the tokens of Present-Day American English, and assume the samples taken in [7] are approximately random. In the case of the Learned-and-Scientific-Writing sample of approximately 162,162 words, there were 16,727 articles. Assuming that this sample is approximately random and hence that X, the number of articles in a passage containing 162,162 words, follows the binomial distribution, it then followe that the probability of a deviation of 1224.313 (=16,727 − 15502.687) or more from the expected number of articles, 15502.687, is given by the expression

$$p(|x - \bar{x}| > 1224) = 1 - \sum_{|x - \bar{x}| \leqslant 1244} \binom{162162}{x} (.0956)^x (1 - .0956)^{162162 - x}$$

or using the normal approximation,

$$p(|x - \bar{x}| \geqslant 1224) = 2\left(1 - N\left(\frac{1224}{\sqrt{14,020.63}}, 0, 1\right)\right)$$

$$= 2(1 - N(10.337, 0, 1))$$

$$< 2(1 - N(3.7190, 0, 1)) = .0002$$

In the case of the Romance-and-Love-Stories sample, the total number of words sampled is approximately 58,674, the total number of articles x in the sample is 4532, and the difference between this and the expected number is 1077.26. Thus, using the reasoning given above,

$$p(|x - \bar{x}| > 1077) = 2(1 - N(15.125, 0, 1))$$
$$< .0002$$

Both of these results show that the hypotheses that (a) the Learned-and-Scientific sample and (b) the Romance-and-Love-Story sample are random samples from a single population of word-tokens where the probability of obtaining an article-token in a single selection is .0956 are both highly unlikely. Thus, if we can assume that the effects of lack of randomness is small, we can conclude that in Present-Day American English article use is not independent of differences in genre.

However, a moment's reflection indicates that a sample $(w_1, \ldots, w_n)$ composed of n consecutive words in a text cannot be a random sample in which necessarily the probability of drawing an article is the same for each index $i = 1, 2, \ldots, n$. Indeed, if w_i is an article then the probability that w_{i+1} is an article is effectively zero (articles do not follow articles), while if w_i is not an article there is a greater than zero chance that the next word w_{i+1} might be an article. (Articles can alternate with other words: *the men, the women, and the children.*) The results of the previous paragraph may therefore be questioned because of lack of randomness in the sampling procedures.

In order to avoid the need to make the randomness assumptions, necessary for the above argument, and to obtain some idea of the nature of the distribution of article use within a corpus, another sampling method has much to recommend it: Consider blocks of text composed of n consecutive words. Such blocks can be selected randomly from the total corpus. This can be done by using a random number table to choose first a page and then a line on the page where the block is to begin. For each of m randomly selected n-word blocks, the number articles can be counted in order to obtain a sample $(x_1, \ldots, x_m)$ where x_i is the number of articles in the ith randomly selected n-word block. A sample distribution of X_n, the number of articles in an n-word block of our corpus, can be constructed from the sample $(x_1, \ldots, x_m)$.

The remainder of this note is devoted to investigating the distribution of X_n for various individual works in a number of genres and to obtaining information on how these distributions vary from author to author and from genre to genre in present-day English and in the English of other periods.

1. The choice of block length

The choice of the block length n is, of course, at the discretion of the researcher. It would appear that n must be large enough so that not too many of the passages result in $X_n = 0$ articles but small enough so that the researcher can obtain error-free article-counts easily. It seemed to us that n should be at least 50, in order to ensure that there are not too many zero counts, but not greater than 100 in order to keep the counting errors within bounds.

In order to see what advantage there might be in using a block length of 100 words instead of 50 words, we employ the law of large numbers which says

$$P\left(|\frac{1}{m}\sum_{i=1}^{m}x_i - E(X)| \geqslant \epsilon\right) \leqslant \frac{\sigma^2(X)}{m\,\epsilon^2} \tag{1}$$

where $(x_1, \ldots, x_m)$ is a random sample of a variate X, $E(X)$ is the expected value of X, $\sigma^2(X)$ the variance of X and ϵ a positive real number. In a preliminary random sample of

$$m = 100 \text{ fifty-word passages from } Lord\ Jim \text{ by Conrad we obtained } \overline{X}_{50} = \frac{1}{m}\sum_{i=1}^{m}x_i = 4.440$$

with a sample variance of $s^2_{X_{50}}= 4.794$. Using $s^2_{X_{50}}$ as an estimate of $\sigma^2(X_{50})$, we can use (1) to estimate $\mu = \dfrac{E(X_{50})}{50}$ the relative frequency of articles in $Lord\ Jim$. $X_{50}/50$ is the relative frequency of an article in a given block of 50-words and $\overline{X}_{50}/50 = \dfrac{4.440}{50}$ for our sample, so (1) yields

$$P\left(|\frac{4.440}{50} - \mu| \geqslant \epsilon\right) \leqslant \frac{4.794}{(50)^2}\,\frac{1}{100\,\epsilon^2}$$

Choosing $\epsilon = .0196$, we obtain

$$P(.0692 \leqslant \mu \leqslant .1084) \geqslant .95.$$

If we take another sample of forty 100-word passages of the same work, we obtain an average of $\overline{X}_{100} = 9.575$ and a sample variance of $s^2_{X_{100}} = 10.199$. Using the same argument as in the case of the sample of 50-word passages, we obtain from this data

$$P(.0733 \leqslant \mu \leqslant .1183) \geqslant .95$$

Thus for roughly the same amount of labour using 100-word blocks, we appear to obtain approximately the same degree of precision in estimating μ as we do when we use 50-word blocks. Hence there seems to be little advantage to using blocks longer than 50 words.

2. The distribution of X_{50} for various texts

In order to bring the full power of mathematical statistics to bear on the problem of ascertaining the significance of the difference between two sets of observations, we need information about the underlying distributions of the variates observed.

In our case, we are observing X_{50} , the number of articles in 50-word passages chosen at random from certain texts written (with one exception) in English. Table 2 contains the results of 39 random samples of this variate taken from 24 works. The breakdown by author (or lack of one in 16–19) is as follows:

Bertrand Russell: 1. *Power: A New Social Analysis* (two samples *Power* 1, 2), 2. *A History of Western Philosophy* (HWP 1, 2), 3. *Human Knowledge* (H.K.); 4. *The Autobiography of Bertrand Russell* (1961 edition) (A.B.R. 1, 2, Narrative, Correspondence), 5. *Nightmares of Eminent Persons* (N.E.P. 1, 2); Joseph Conrad: 6. *Victory* (Vict. 1, 2),

7. *Lord Jim* (L.J., L.J. Narrative, L.J. Conversation); John Cheever: 8. *Wapshot Chronicle* (W.C. 1, 2, 3, Narrative, Conversation); Patrick White: 9. *The Solid Mandala* (S.M.), 10. *Riders in the Chariot* (Riders 1, 2); Henry Fielding: 11. *Tom Jones* (T.J.); Jonathan Swift: 12. *Gulliver's Travels* (G.T.); Emily Bronte: 13. *Wuthering Heights* (W.H.); Henry James: 14. *The Ambassadors* (Amb.); D. H. Lawrence: 15. *The Rainbow* (Rainb.); Newspapers and Reviews: 16. *The Observer* 2nd Week of January 1970 (Obs.), 17. *The Toronto Globe and Mail* 22 January 1970 (G.M.), 18. *Time* 25 May 1970 (Time), 19. *The New States-man* 22 May 1970 (N.S.); A.J. Toynbee: 20. *Hellenism: The History of a Civilization* (H:H.C.); C. and M. Beard: 21. *A Basic History of the United States* (B.H.U.S.); F.J. Teggart: 22. *The Theory and Processes of History* (T.P.H.); Will Durant: 23. *The Story of Civilization* Vols. I, X (S.C.I., S.C.X); Blasco Ibanez: 24. *La Barraca* (La B.).

These 24 works were chosen somewhat at random for the purpose of surveying the territory preparatory to more systematic investigations if these were indicated. The large number of Russell works were chosen because Russell has written in many genres and thus provides test material for the hypothesis that article-use is author-specific. We will return to this point later. The novelists were chosen because of their different national backgrounds and timespans, the historical-political items were chosen to complement certain of the Russell items and *La Barraca* was included so as to have at least one non-English (Spanish) work from which article-use differences could be observed.

In works 1, 2, 5, 6, and 10 more than one random sample from the total text-population was chosen. This was done so as to indicate the degree of differences that can arise from sample to sample within the same work. In 4, 7, and 8 random samples were drawn from narrative portions of the text alone and from conversation portions alone. In the latter case, the conversation *plus the supporting prose* was sampled. Thus for example in item 8, three random samples W. C. 1, 2, 3 were taken from the entire text and two random samples, W. C. Nar. and W. C. Conv., from respectively only narrative portions and only conversation portions of the text. The reason W. C. received so much attention lies in the fact that the first sample, W. C. 1, yielded an unusually large variance 7.134 as compared to most of the other works in Table 2. This sample may have been an accident; the variances in W. C. 2 and 3 are more normal compared with the other items in Table 2. We shall return to the special nature of *The Wapshot Chronicle* later. The difference between the two Will Durant samples is also worth noting and could be due to a subgenre difference within historical writing. Note the extremely high article count in La B., reflecting the relatively greater functional load that articles bear in Spanish than in English.

If one observes the sample means and variances obtained in Table 2, one finds that, in most cases, they are roughly commensurate. This leads us to the initial hypothesis that the variate $X\ (= X_{50})$ has approximately the Poisson distribution where the probability that X = x is given by the expression

$$P(X = x) = \frac{\lambda^x e^{-\lambda}}{x!}\ (x = 0, 1, 2, \ldots).$$

The best unbiased estimate of λ is given by $\overline{X}$ the sample mean. See [2, pp. 139 ff.].

No. of articles per passage	Power 1	Power 2	HWP 1	HWP 2	H. K.	ABR 1	ABR 2	ABR Nar.	ABR corr.	NEP 1	NEP 2	Vict. 1	Vict. 2	L. J.	L. J. Nar.	L. J. Conv.	W. C. 1	W. C. 2	W. C. 3	No. of articles per passage
0			1		1	2	3		1	2		2		4		1	8	2	4	0
1		3	2	2	4	5	3	3	7	1	2	4	3	5	1	8	8	1	4	1
2	5	9	3	3	11	8	14	6	10	8	9	5	6	10	2	7	12	5	13	2
3	8	7	7	9	19	12	12	14	12	7	8	9	11	12	3	9	11	8	20	3
4	9	7	12	7	23	11	2	9	9	11	9	10	15	22	2	3	14	7	14	4
5	12	11	9	14	16	6	9	8	7	7	12	8	7	18	6	7	4	11	12	5
6	11	9	5	5	12	5	5	6	3	7	2	5	4	13	4		8	5	14	6
7	3	1	6	6	6		2	3		2	7	6	4	7	10		8	7	9	7
8		1	2	4	4	1				5	1			4	5		6	3	7	8
9	2	2	2		3			1	1					4	1		2	1	2	9
10			1		1									1			2		1	10
11												1			1					11
12																				12
Total Sample Size (n)	50	50	50	50	100	50	50	50	50	50	50	50	50	100	35	35	83	50	100	
Mean $\overline{X}$	4.700	4.240	4.760	4.740	4.380	3.380	3.280	3.980	3.220	4.260	4.180	4.080	3.860	4.440	5.886	2.765	3.988	4.520	4.380	
var. s_X^2	2.786	3.860	4.594	3.390	3.975	2.934	3.349	3.040	2.951	4.278	3.253	4.647	2.531	4.794	4.751	2.307	7.134	4.540	5.147	

Table 2: Data from various works in histogram form. The solid line connects the modes[2] of the sample distributions.

No. of articles per passage	W. C. Nar.	W. C. Conv.	S. M.	Riders 1	Riders 2	T. J.	G. T.	W. H.	Amb.	Rainb.	*Observer*	G. M.	*Time*	N. S.	H.:H. C.	B. H. U. S.	T. P. H.	S. C. V. I.	S. C. V. $\bar{X}$	La B.	No. of articles per passage
0	1	2	6			2	2	10	4	1		1							1		0
1	2	4	13	3	3	12	8	12	5	5	2	1	1					4	4		1
2	4	10	20	9	7	24	13	18	14	10	5	4	2	5	1	2	1	2	4		2
3	7	7	24	12	7	16	21	21	11	9	13	16	10	14	8	8	11	5	9	1	3
4	12	4	17	8	11	19	20	15	7	5	10	25	14	9	6	10	19	5	15	6	4
5	10	3	11	8	9	13	18	13	1	12	16	18	12	9	11	10	16	5	7	8	5
6	9	1	6	8	9	9	12	6	5	2	14	15	5	5	9	9	27	4	4	6	6
7	10		2	1	1	2	3	2	2	5	6	10	2	5	8	8	14	11	4	12	7
8	5	1	1	1	2	2	1	1	1		3	6	3	3	2	3	10	7	2	7	8
9	2			1	1	1	1	1		1	1	4	1		3		1	5		4	9
10	2					1	1	1							2		1	1		3	10
11																		1		2	11
12																				1	12
Total Sample Size (n)	64	32	100	50	50	100	100	100	50	50	70	100	50	50	50	50	100	50	50	50	
Mean $\bar{X}$	5.172	2.813	3.060	3.840	4.260	3.420	3.870	3.130	3.020	3.760	4.714	4.910	4.560	4.440	5.580	5.040	5.500	5.820	4.520	6.860	
var. s_X^2	4.875	2.996	3.007	2.823	3.463	3.458	3.488	4.215	3.734	4.023	3.106	3.415	2.741	2.986	3.881	2.611	2.636	6.640	10.989	4.368	

Table 2: continued

In other cases, notably Power 1, N. S., H.: H. C., B. H. U. S., T. P. H., and La B., the sample variance (s_X^2) and the sample mean minus 2 $(X - 2)$ are roughly commensurate and *there are no passages in the sample with fewer than* 2 *articles.* This leads us to the hypothesis that, in these cases, X follows the 2-translated Poisson distribution[1] where

$$P(X = x) = \frac{(\lambda - 2)^{x-2} e^{-(\lambda-2)}}{(x - 2)!} \quad (x = 2, 3, \ldots)$$

and the mean $\overline{X}$ is again the best estimator of λ.

Using either the Poisson or the 2-translated Poisson hypothesis, the expected number of passages with x articles can be computed for all the possible values of x; then

$$\chi^2 = \sum_k \frac{(O_i - E_i)^2}{E_i} \, ,$$

where (except in the tails where the data must be grouped) O_i = the observed number of passages with i articles and E_i = the expected number of articles in such passages, follows the χ^2-distribution with the number of degress of freedom equal to the number of classes taken minus two. For example, in the case of H. K. 8 classes were used; the passages with 0 and 1 article were grouped so that their total expected number of articles added up to more than 5, and the passages with eight or more articles were grouped for the same reason. The results of a Poisson fit are given in Table 3. The expected frequencies are obtained by forming

(Frequency of passages with x articles) $=$

(Total number of observations) $(P(X = x))$ $= (100) \dfrac{(4.38)^x e^{-4.38}}{x!}$

for $x = 0, 1, 2, \ldots$ The fit can be seen to be unusually good.

Number of articles	Observed frequency	Expected frequency under the Poisson hypothesis
0	1	6.739
1	4	
2	11	12.015
3	19	17.541
4	23	19.208
5	16	16.826
6	12	12.283
7	6	7.686
8	4	7.703
9	3	
10	1	
Total	100	100

$\chi^2_{\text{obs.}} = 1.83$, d. f. = 8 classes $- 2 = 6$. $P(\chi^2_{\text{obs.}} \leqslant \chi^2) = .9371$ (a good fit)

Table 3: χ^2-test for goodness-of-fit of H. K. data to the Poisson-expected values.

Source	Sample size	Mean	Theoretical distribution	x^2 observed	d.f.	approximate $P(x^2 \geqslant x^2_{obs.})$
Power 1	50	4.700	Poisson	6.82	5	.2360
"	50	4.700	2-trans Poisson	5.65	5	.3471
Power 2	50	4.240	Poisson	6.28	5	.2872
H. W. P. (1 and 2 combined)	100	4.750	Poisson	6.09	7	.5398
H. K.	100	4.380	Poisson	1.83	6	.9371
A.B.R.Nar.	50	3.980	Poisson	3.21	5	.6692
N. E. P. 2	50	4.180	Poisson	4.80	4	.3084
Vict. 1	50	4.080	Poisson	1.53	5	.9013
L. J.	100	4.440	Poisson	3.92	7	.7798
W. C. 1	83	3.990	Poisson	27.00[***]	6	.00015
W. C. 2	50	4.520	Poisson	3.90	4	.4060
W. C. 3	100	4.380	Poisson	4.61	6	.5960
W.C.Nar.	60	5.167	Poisson	2.17	6	.9004
S. M.	100	3.060	Poisson	1.01	6	.9856
Riders 1	50	3.840	Poisson	1.79	4	.7725
T. J.	100	3.420	Poisson	3.91	6	.6767
G. T.	100	3.870	Poisson	3.07	7	.8850
W. H.	100	3.130	Poisson	9.05	6	.1735
Amb.	50	3.020	Poisson	7.56	4	.1074
Rainb.	50	3.760	Poisson	7.96	5	.1562
Observer	70	4.714	Poisson	7.08	5	.2206
G. M.	100	4.910	Poisson	8.15	7	.3326
Time	50	4.560	Poisson	8.63[*]	4	.0719
"	50	4.560	1-trans Poisson	4.43	4	.3796
N. S.	50	4.440	2-trans Poisson	4.65	4	.3309
N. S.	50	4.440	Poisson	5.50	4	.2311
H.:H. C.	50	5.580	2-trans Poisson	2.33	4	.6626
H.:H. C.	50	5.580	Poisson	6.66	6	.3594
B. H. U. S.	50	5.040	2-trans Poisson	2.26	4	.6990
B. H. U. S.	50	5.040	Poisson	7.18	5	.2062
T. P. H.	100	5.500	2-trans Poisson	9.91	6	.1247
T. P. H.	100	5.500	1-trans Poisson	16.38[**]	6	.0113
T. P. H.	100	5,500	Poisson	>16.38[***]	6	$<.01$
S. C. V. I	50	5.820	Poisson	8.51	5	.1261
S. C. V. X	50	4.520	Poisson	5.23	4	.2674
La B.	50	6.860	2-trans Poisson	2.43	5	.7915

Table 4: Fitting the Poisson distribution to data in Table 1. [*]indicates that the hypothesis must be rejected at the 10 % level, [**]at the 5 % level and [***]at the 1 % level.

Table 4 gives the results for a selected set of works given in Table 2. In all cases except W. C. 1, *Time*, and T. P. H., the hypothesis of an underlying Poisson distribution cannot be rejected at even the 10 % level. This of course does not provide conclusive evidence for a Poisson distribution in each of these cases. It only shows that in these cases the hypothesis of a Poisson distribution seems to be a likely one.

Nevertheless, in some cases (*Power*1, N. S., H.:H. C., B. H. U. S.)the 2-translated Poisson yields a better fit. Even though the 2-translated Poisson yields a better fit than the Poisson distribution, the data does not depart significantly from the expected Poisson values. For the present discussion, the adequacy of the Poisson fit in these cases is sufficient to allow us to make certain technical statistical arguments which would be impossible if we chose to look at them as having an underlying translated Poisson distribution. Another argument against hypothesizing a translated Poisson distribution underlying these cases is that, on the face of it, there is no reason to rule out the possibility of a passage containing no articles, even though no such passages have occured in our samples.

The two Power samples offer a different sort of difficulty. They are too symmetric for the combined sample of 100 passages to yield a good Poisson fit. Indeed, the mean of the combined sample is 4.470 while the mode[2] of the sample occurs at five articles. For a good fit of the data to the Poisson distribution the mode should be smaller than the mean. Under the Poisson hypothesis, the χ^2-goodness-of-fit test yields $\chi^2 = 12.78$ with 6 degrees of freedom which is just a little larger than the 5 % level of significance. Thus we cannot make a very strong case for the variate

X = the number of articles/50-word passage

in *Power* following the Poisson distribution for samples containing 100 passages. This may be due to heterogeneity in the sampling. However, a χ^2-test of homogeneity of the two samples yields $\chi^2 = 3.55$ with d. f. = 5 which would happen 60 % of the time under the null hypothesis of homogeneity. We are therefore left with only a weak case supporting the conclusion that the random variable X in this case follows the Poisson distribution.

To sum up Table 4, with the exception of W. C., *Time*, T. P. H., *Power* and of course LaB., our null assumption of a Poisson distribution for the number of articles/50-word passage meets no statistical opposition. After a short discussion of the distribution of W. C. -samples, we will see (Section 4) how the hypothesis of a Poisson distribution for these data can be used to test the significance of differences in article counts.

3. A closer look at W. C.

As we have already remarked, the three random samples from W. C. yield a wide range of sample means (3.988, 4.520, 4.380) and a similar range of sample variances. These ranges may be due to an inherent lack of homogeneity in the text as a whole or just in the sampling methods. A χ^2-test of homogeneity for the three samples (W. C. 1, 2, 3) yields $\chi^2 = 19.4$ with 16 degrees of freedom. The probability of obtaining a χ^2 this large or larger, under the null hypothesis of sampling from the same population in all three cases, is approximately .25, so there is no reason to question the homogeneity of the method of sampling. However, within the book itself there is a certain heterogeneity: a reading of the novel reveals three distinct kinds of text, (i) diary passages where the article-count is very low (usually less than 2, with a high proportion of zero-counts); (ii) conversation passages, including the supporting material, where the counts are somewhat higher, and (iii) narrative passages where the count is relatively very high. Table 4 indicates that, for narrative material, the variate, X = number of articles in a 50 word passage, follows the Poisson distribution with a close approximation. Table 2 shows that the sample variance and the sample mean are approximately equal for W. C. conversational material -- a good indication of Poisson character. A random sample of 20 fifty-word blocks from diary passages yields the following sample distribution frequency with $X = 0$: 10, frequency with $X = 1$: 4, frequency with $X = 2$: 6 and with mean .800. Assuming that the population of 50-word passages from W. C. is composed of a mixture of three kinds of item: 50-word diary passages, 50-word conversational passages, and 50-word narrative passages and that each of these subpopulations has Poisson character, then it is reasonable to postulate the following as the probability that X, the number of articles in a 50-word passage randomly drawn from W. C., equals x:

$$P(X = x) = \beta_1 \frac{(.8)^x e^{-(.8)}}{x!} + \beta_2 \frac{(2.81)^x e^{-2.81}}{x!} + \beta_3 \frac{(5.17)^x e^{-5.17}}{x!} \tag{1}$$

Here $x = 0, 1, 2, \ldots$ and the β_i represent the proportions in the text of three kinds of passage. The method of moments [2, p. 178] yields the following system of equations for the β_i.

$$\left.\begin{array}{l} \beta_1 + \beta_2 + \beta_3 = 1 \\[4pt] (.8)\,\beta_1 + (2.81)\,\beta_2 + (5.17)\,\beta_3 = \overline{X} \\[4pt] (.8)^2\beta_1 + (2.81)^2\beta_2 + (5.17)^2\beta_3 = \dfrac{n-1}{n}\,s_X^2 - \overline{X} + \overline{X}^2 \end{array}\right\} \tag{2}$$

where n is the sample size and s_X^2 and $\overline{X}$ are respectively the sample variance and sample mean.

If we use W. C. 1 to obtain β_i, we find that $\beta_1 = .2043$, $\beta_2 = .1312$, and $\beta_3 = .6645$. A glance at the text will indicate that β_1 is unrealistically high, reflecting a disproportionate amount of diary passages in W. C. 1. However if we combine all three samples (W. C. 1, 2, 3) and obtain s_x^2 and $\overline{X}$ for that sample, then Equations (2) yield

$$\beta_1 = .0088, \quad \beta_2 = .3574, \quad \text{and} \quad \beta_3 = .6339.$$

In this case β_1 is apparently much too small. These two computations indicate how sensitive the method of moments is to sample-variation when computing the β_i.

If we make one more try combining W. C. 1 and 2, we have n = 133 with $\overline{X} = 4.2181$ and $s_X^2 = 6.1718$. In this case,

$$\beta_1 = .0643, \quad \beta_2 = .2842, \quad \text{and} \quad \beta_3 = .6515, \tag{3}$$

which is an intuitively more reasonable mixture. If we test the goodness of the fit of the actual observed values in the combined W. C. 1 and 2 samples against the expected frequencies given by (1), we obtain a $\chi^2 = 7.24$ with d. f. = 8 which is far from significant. Similarly if we use (1) with the β_i's in (3) to compute the expected frequencies for sample W. C. 3 and compare them to the observed data, we obtain $\chi^2 = 7.96$ with d. f. = 9 -- there were 10 categories and no parameters were computed from the sample W. C. 3. In this case too, there is a decided lack of significance.

Thus there is some evidence pointing in the direction of the assumption that Expression (1) with β_i's given by Equations (3) is a reasonable model of the distribution of X for W. C. Perhaps better estimates of the β_i's could be obtained by directly ascertaining in W. C. what the relative amounts of material in the three kinds of writing are.

4. Transformation of the data

Since the aim of this study is to discover whether variation in article usage is an index of differences in genre and authorship, we would like to find a statistic τ from which it is possible to judge whether or not differences in its values for various works are statistically significant. The commonest statistic used for this purpose is the sample mean. However, very little sampling theory has been developed for the mean of a Poisson distribution. Nevertheless, it is known that if X is a Poisson variate with distribution mean in the range that we are considering here, then $\sqrt{X}$ has approximately a normal distribution with variance near 1/4. See KENDALL and STUART [5, pp. 88–90]. Thus if we consider $\sqrt{X}$ instead of X, we can use the highly developed sampling theory available for normal variates.

If X_i ($i = 1, 2, \ldots, 27$) stands for the variate "the number of articles in a 50-word passage from item i in Table 5", then Table 5 gives

n_i, the sample size of item i,

$\overline{\sqrt{X_i}}$, the sample mean of the variate $\sqrt{X_i}$, and

$s_{\sqrt{X_i}}$, the sample standard deviation of $\sqrt{X_i}$ (the square root of the sample variance)

for the 27 items listed therein.

5. Authorship specificity

Now we are in a position to test our data to see if an author's use of articles is in any way invariant from work to work.

First let us look at the five works in Table 5 by BERTRAND RUSSELL. These are items 7, 15, 17, 18, and 20. The means for these works show a wide variation from $\overline{\sqrt{X_7}}$ = 1.728 to $\overline{\sqrt{X_{20}}}$ = 2.120. But is this variation statistically significant? A one-way analysis of variance yields Table 6, under the null hypothesis that the expected values of $\sqrt{X_i}$ in each of these cases are the same, i. e. under the hypothesis that Russell's article-use (as manifested by the square root of the mean number of articles used) is invariant from work to work. Since $P(F_{4,496} > 4.62) < .001$, the value $F_{4,496} = 6.821$ which we obtained is highly significant. This significance might be due to Russell's variation of article use from work to work or it might be due to violation of the assumptions of normality and equality of variance for the $\sqrt{X_i}$. However, because we have chosen samples of uniform size, violations of these latter assumptions can have only slight affect on our results [10, p. 345]. Thus we can safely reject the hypothesis that Russells mean article count is uniform from work to work.

Work	Sample size	$\sqrt{\bar{\bar{X}}_i}$	$^s\sqrt{X_i}$
1. W. C. Conv.	32	1.570	.5979
2. L. J. Conv.	35	1.575	.5182
3. Amb.	50	1.609	.6630
4. W. H.	100	1.619	.7175
5. S. M.	100	1.643	.6044
6. A. B. R. Corresp.	50	1.719	.5215
7. A. B. R. (1+2)	100	1.728	.5884
8. T. J.	100	1.767	.5478
9. Rainb.	50	1.854	.5744
10. G. T.	100	1.893	.5370
11. Vict. (1+2)	100	1.926	.5339
12. S. C. V. X	50	1.939	.5359
13. A. B. R. Nar.	50	1.945	.4477
14. *Riders* (1+2)	100	1.960	.4602
15. N. E. P. (1+2)	100	1.983	.5378
16. L. J. 1	100	2.010	.6351
17. H. K.	100	2.030	.5121
18. *Power* (1+2)	100	2.066	.4508
19. N. S.	50	2.068	.4077
20. H. W. P.	100	2.120	.5079
21. *Observer*	70	2.129	.4302
22. G. M.	100	2.168	.4608
23. W. C. Nar.	64	2.205	.5616
24. B. H. U. S.	50	2.215	.3704
25. H.: B. C.	50	2.321	.4190
26. S. C. V. I	50	2.337	.6049
27. L. J. Nar.	35	2.376	.4981

Table 5: Transformed data from Table 2.

Source	d.f.	Sum of Squares	
Between samples	4	$B = 7.4003$	
Within sample	496	$W = 134.5284$	$F_{4,496} = \dfrac{B/4}{W/496} = 6.821$

Table 6: Analysis of Variance of Russells works (Items 7, 15, 17, 18, 20).

Since Russells works span a number of genres, it might still be the case that within a given genre (the novel for example) an author's mean article count might be invariant from work to work. In Table 5 there are three pairs of works by the same author which fall in roughly the same genre.

(a) Conrad – items 11, 16.
(b) White – items 5, 14.
(c) Will Durant – items 12, 26.

Since the sample sizes are equal in each of these pairs, the t-test can be employed without worry as to whether the underlying variances σ^2 ($\sqrt{X_i}$) are equal in each pair [10, p. 340]. We obtain the following results under the null hypothesis of equal mean counts.

(a) $t = 1.0124$ d. f. = 198.
(b) $t = 4.1729$ d. f. = 198.
(c) $t = 3.4850$ d. f. = 98

Case (a): Since $P(|t_{198}| > 1.282) = .2$, the value obtained could have occurred quite easily by chance. Thus there is no evidence for the hypothesis of different mean article counts in the Conrad works.

Case (b): Since $P(|t_{198}| > 3.090) = .001$, our value is highly significant. Thus there appears to be a decided difference in mean article use between the two White works.

Case (c): Since $P(|t_{98}| > 3.460) < .001$, the difference between the means of the sample counts in the Durant works is highly significant, thus indicating a difference in article use for the two works in this case too.

In addition to varying the mean, an author may vary the spread of his article-count distribution from work to work as well. When two works are involved this can be tested using the F-distribution [2, p. 327]. To test the null hypothesis that $\sigma_1^2 = \sigma_2^2$ versus $\sigma_1^2 > \sigma_2^2$ we use

$$F_{n_1, n_2} = \frac{s_1^2}{s_2^2}$$

where n_i is one less than the size of the sample from which the estimate s_i^2 of the variance σ_i^2 was obtained.

In the three cases, we obtain (with $s^2_{\sqrt{X_i}} = s_i^2$)

(a) $F_{99,99} = \dfrac{s_{16}^2}{s_{11}^2} = 1.4150$ (significant at 5 % level)

(b) $F_{99,99} = \dfrac{s_5^2}{s_{14}^2} = 1.7249$ (significant at 0.5 % level)

(c) $F_{49,49} = \dfrac{s_{26}^2}{s_{12}^2} = 1.2741$ (not significant)

Thus even though Conrad does not appear to vary his overall mean count, there is some slight evidence for a larger variance in the case of *Lord Jim* than in *Victory*. A stronger case can be made for a larger variance in S. M. than in Riders. No case can be made for a difference in population variance between the two Durant works.

If we simple mindedly interpret an increase of variation in expression as an indicator of an author's stylistic improvement, then an increase in variance (of article count, say) might be indicate of an improvement in his style. Using this interpretation, we might say that, insofar as article use is concerned, Conrad's style deteriorated in the years between the publication of *Lord Jim* (1899) and the publication of *Victory* (1914). Using completely different criteria, other writers (MEYER for example, [8], p. 221) have remarked on a deterioration of Conrad's style over these years.

White seems to have improved his style (if we are to take the interpretation of the previous paragraph seriously) between *Riders* (1961) and S. M. (1966).

Although Durant's variance seems not to have changed significantly, his mean count seems to be quite different in the two works. This may be due to a genre difference between the two works: Item 26 being in the "Theory of History" genre and Item 12 in the "Practice of History" genre perhaps.

Finally let us consider the sample variances in the five Russell works. Since there are five sample variances to compare instead of two, we must resort to Bartlett's test [2, p. 328] for equality of (population) variances: Under the null hypothesis that

$$\sigma^2_{\sqrt{x_7}} = \sigma^2_{\sqrt{x_{15}}} = \sigma^2_{\sqrt{x_{17}}} = \sigma^2_{\sqrt{x_{18}}} = \sigma^2_{\sqrt{x_{20}}}$$

Bartletts test states that

$$T \equiv v \ln \left(\frac{1}{v} \sum_{\substack{i = 7, 15, 17, \\ 18, 20}} v_i s^2_{\sqrt{x_i}} \right) - \sum_{i = 7,\dots,20} v_i \ln s^2_{\sqrt{x_i}}$$

where $v_i = n_i - 1 = 99$ and $v = \Sigma\, v_i = 5(99)$ has approximately the χ^2-distribution with 4 degrees of freedom. If we compute T, we find $T = 7.345$. Since $P(\chi^2_4 > 7.779) = .10$, our T is not significant even at the 10 % level. Thus we have no compelling evidence of variance differences among the works of Russell considered here.

6.1. Heterogeneity within texts

We have already seen in Section 3 that there exists enough heterogeneity in W. C. to posit a mixed Poisson distribution (for the population as a whole) composed of three parts: diary, conversation (and supporting prose), and narrative. There is no need for a statistical test to show that the mean article counts in these three types of text material are significantly different:

.80 articles/50 words for W. C. diary,
2.813 articles/50 words for W. C. conversation, and
5.172 articles/50 words for W. C. narrative.

Similar results obtain in the case of L. J.

2.765 articles/50 words for L. J. conversation, and
5.886 articles/50 words for L. J. narrative.

The conversation material exhibits drastically lower article counts than does the narrative material. A glance at Table 2 shows that the narrative samples in L. J. and W. C. have means commensurate with the means of the historical samples. In another study concerning plays, I obtained the following mean article counts in taking fifty 50-word passages from the plays indicated below:

Play	Mean number of articles/50 words
Julius Caesar (Shakespeare)	2.22
Long Days Journey into Night (Eugene O'Neill)	2.32
The Cocktail Party (T. S. Eliot)	2.34
Edward II (Marlowe)	2.36
A Streetcar Named Desire (Tennesee Williams)	2.42
The Island Princess (Fletcher)	2.46
Pericles (Shakespeare)	2.48
As You Like It (Shakespeare)	2.70
The Birthday Party (Harold Pinter)	2.82

It is clear that the means of the W. C. and L. J. conversation samples do not deviate much from the means of the samples from these plays.

In addition to the conversation-narrative opposition, we have, in the case of A. B. R., considered the correspondence-narrative opposition (items 6 and 13 in Table 5). Here the difference in the means is not so striking: A. B. R. Correspondence 3.220, A. B. R. Narrative 3.980. The latter is distinctly lower than in the narrative passages of W. C. and L. J. (Is this possibly characteristic of biographical narrative?) To test the significance of the difference between the means of these two samples, we revert to the variates $\sqrt{X_i}$ of Table 5 and use the *t*-test the significance of $\sqrt{\overline{X}_{13}} - \sqrt{\overline{X}_6}$. Here $t = 2.3251$ with d. f. = 98 which is just significant at the 5 % level.

Thus article use appears not to be homogeneous within a given work but is sensitive to the different kinds of writing within the work.

7. Heterogeneity due to genre

Now let us return to consideration of the texts as a whole. In the 21 items of Table 5 that correspond to random samples drawn from the texts as a whole, we find that Bartletts test for homogeneity of variance yields a highly significant χ^2. Thus we are not in a position to make an assumption of equal variances. However, the method of multiple comparisons due to SCHEFFE [10, p. 67] is insensitive to departures from normality and to violations of the equal variance assumption when the sample sizes of the items to be compared are equal. Therefore this method can be applied with some confidence to the set of thirteen items in Table 5 with sample size 100, i. e., Items

4, 5, 7, 8, 10, 11, 14, 15, 16, 17, 18, 20, 22,

and to the set of seven items with sample size 50, i. e., Items

3, 9, 12, 19, 24, 25, 26.

The method of multiple comparisons is based on the following definition and result:

Definition. A *contrast* among a set of means $\mu_1, \mu_2, \ldots, \mu_k$ is a linear function

$$\varphi = \sum_{i=1}^{k} c_i \mu_i$$

with the given constants c_i chosen so that $\sum_{i=1}^{k} c_i = 0$. *Result.* If $\bar{x}_1, \ldots, \bar{x}_k$ are means of

k samples such that $\bar{x}_i$ is the mean of a sample of size n_i from a normal population with (population) mean μ_i and variance σ^2, then

$$\hat{\varphi} = \sum_{i=1}^{k} c_i \bar{x}_i$$

is an unbiased estimate of the contrast

$$\varphi = \sum_{i=1}^{k} c_i \bar{x}_i$$

is an unbiased estimate of the contrast

$$\varphi = \sum_{i=1}^{k} c_i \mu_i,$$

and

$$\sigma_{\hat{\varphi}}^2 = \sigma^2 \sum_{i=1}^{k} (c_i^2 / n_i)$$

with unbiased estimator

$$\hat{\sigma}_{\hat{\varphi}}^2 = s_W^2 \sum_{i=1}^{k} (c_i^2 / n_i)$$

where s_W^2 is the mean sum of squares within groups, i. e.

$$s_W^2 = \frac{1}{n-k} \sum_{i=1}^{k} (n_i - 1) s_i^2$$

where $n = \sum_{i=1}^{k} n_i$ and s_i^2 is the sample variance of the ith sample. Further all such contrasts satisfy the following inequality simultaneously with probability $1 - \alpha$:

$$\hat{\varphi} - S_\alpha\, \hat{\sigma}_{\hat{\varphi}} \leqslant \varphi \leqslant \hat{\varphi} + S_\alpha\, \hat{\sigma}_{\hat{\varphi}}$$

where S_α is calculated from the equation

$$S_\alpha^2 = (k - 1)\, F_{\alpha;\, k-1,\, n-k}$$

where $F_{\alpha;\, k-1,\, n-k}$ is the $100\,\alpha\,\%$ significance level of the F-ratio with $k - 1$ degrees of freedoom in the numerator and $n - k$ in the denominator.

First, let us apply this result to the 13 samples with sample size $n_i = 100$. In this case, $s_w^2 = .3061$, $F_{.05;\, 12,\, 1287} = 1.75$, and $F_{.01;\, 12,\, 1287} = 2.18$. Thus

$$S_{.05} = 4.5826,$$
$$S_{.01} = 5.1147.$$

If, for example, we want to compare the non-fiction samples 7, 17, 18, 20, 22 to the fiction samples 4, 5, 8, 10, 11, 14, 15, 16, we can form the contrast estimator

$$\hat{\varphi} = \frac{\bar{x}_7}{5} + \frac{\bar{x}_{17}}{5} + \frac{\bar{x}_{18}}{5} + \frac{\bar{x}_{20}}{5} + \frac{\bar{x}_{22}}{5} - \left(\frac{\bar{x}_4}{8} + \frac{\bar{x}_5}{8} + \ldots + \frac{\bar{x}_{16}}{8}\right) = .1723.$$

Since

$$\hat{\sigma}_{\hat{\varphi}}^2 = s_w^2 \left(8\left(\frac{1}{64}\Big/100\right) + 5\left(\frac{1}{25}\Big/100\right)\right)$$

$$= .00099,$$

we have

$$.1723 - .1613 \leqslant \varphi \leqslant .1723 + .1613$$

with probability .99. Thus there is a probability of more than .99 that $.0110 \leqslant \varphi$ and hence different from zero, or put in another way the difference between the fiction and non-fiction means is statistically significant at the 1 % level. Hence we can impute statistical significance to the intuitive observation that the average number of articles in a 50-word passage drawn from a fictional work is lower than that in a passage drawn from a non-fictional work.

Let us consider the seven samples of size 50 to see if they support this conclusion. Here we can compare the two fiction samples 3 and 9 against the five non-fiction samples 12, 19, 24, 25, 26. In this case $s_w = .5212$, the difference between the two averages is .4450, and

$$\hat{\sigma}_{\hat{\varphi}} = \frac{s_w}{\sqrt{50}} \sqrt{\left(\frac{1}{2}\right)^2 (.2) + \left(\frac{1}{5}\right)^2 (.5)} = .06167.$$

Thus

$$S_{.01}\, \hat{\sigma}_{\hat{\varphi}} = .3154$$

and with probability .99, we have

$$.4450 - .3154 \leqslant \varphi \leqslant .4456 + .3154,$$

so again we can reject the hypothesis of equal means at the 1 % level.

28

Thus the intuitively compelling differences in means between the fictional and non-fictional works under discussion is statistically significant, so it seems quite clear that article use is sensitive to genre.

Using this data and Table 5, we can make another genre distinction which has some statistical significance: that between press (Item 22) and belles lettres (Items 7, 15). Here $\hat{\sigma}_\varphi = .0678$, the contrast estimate is $\hat{\varphi} = .3125$, and

$$.3125 - .3105 \leqslant \varphi \leqslant .3125 + 3105$$

with probability .95.

Finally, we can compare Press with historical writing if we return to the original data and use Wilcoxons rank sum test (see [1], pp. 105—114 and Table III on pp. 318 ff) as in our Table 7. The Press ranks are significantly lower than the Historical ranks at the 5 % level. The historical mavericks are Will Durant's S. C. V. X. which has a somewhat "popular" style and H. W. P. which some might not want to class as history proper.

Press		Historical	
1. N. R.	(4.120)		
2. N. S.	(4.440)		
		3. S. C. V. X	(4.520)
4. *Time*	(4.560)		
5. *Observer*	(4.714)	6. H. W. P.	(4.740)
7. G. M.	(4.910)		
		8. B. H. U. S.	(5.040)
		9. T. P. H.	(5.500)
		10. H.:H. C.	(5.580)
		11. S. C. V. I	(5.886)

Rank sum = 19

$n = 5$ $m = 6$

Table 7: The sum of the Press ranks is significantly lower than the sum of the Historical ranks at the 5 % level using Wilcoxons Rank-sum test.

8. Comparison of KUČERA and FRANCIS' results to those obtained here

Having established (in Section 2) the approximate Poisson nature of the data obtained here, we can test various hypotheses regarding the mean of the distribution of the article counts. In Table 8, the twenty-two works from Table 2 which have a reasonably good Poisson goodness-of-fit are listed, plus three more samples of 50 fifty-word passages taken from another study: *Endless Night* (E. N.) a mystery by Agatha Christie, *Under the Volcano* (U. V.) by Malcolm Lowry, and a sample from the *New Republic* (N. R.) of 17 October, 1970. Assuming that $n = 50$ is a large enough sample for the normal approximation to the Poisson distribution to be fairly accurate, we list (in Table 8) the work, its proposed genre together with KUČERA and FRANCIS' mean, and finally the value

$$T \equiv \frac{\overline{X} - \mu_0}{\sqrt{\mu_0/n}}$$

where $\overline{X}$ is the sample mean, μ_0 is the hypothetical (K. and F.) mean taken from Table 1 (e. g., 4.527 in the case of general fiction), and n is the sample size. This T has approximately the normal distribution with mean 0 and variance 1 (c. f. [2, p. 309]). The various significance levels are indicated in the usual fashion with asterisks.

Work	Category	T
Vict.		2.6179**
L. J.		.40890
W. C. 2		.0233
W. C. 3		.4885
S. M.		6.8949*5
Riders	General fiction 4.527	2.2419*
T. J.		5.2029*5
G. T.		3.0879**
W. H.		6.5659*5
Amb.		5.0083*5
Rainb.		2.5490*
N. E. P.	Belles lettres	2.93697**
A. B. R.	4.868	6.9708*5
Obs.		.73265
G. M.	Press, Review 4.908	.0020
N. S.		3.0333**
H:H. C.		1.3139
B. H. U. S.		.3674
S. C. V. I.	Learned 5.158	2.0611*
S. C. V. X		1.9864*
H. W. P.		1.7965
Power		3.0293**
End. Ni.	Mystery 4.293	4.6175*5
U. V.	Gen. Fict.	1.1732
N. R.	Press Rev.	2.5151*

Two-tailed normal confidence levels:

.05	1.9600*
.01	2.5758**
.001	3.2905***
.0001	3.8906****
.00001	4.4172*5.

sample means	sample sizes
2.940	n=50
4.880	n=50
4.120	n=50

Table 8: Comparison of our results with the results of KUČERA and FRANCIS.

One notices first that among the novels the only present-day American author considered (Cheever) conforms to K. and F. 's mean admirably as does *Lord Jim.* The rest, except for Malcolm Lowry who is Canadian, are highly deviant from it. This deviation could be due to temporal and regional differences in article use or to the fact the K. and F. 's General Fiction forms a basically heterogeneous underlying population.

If the Russell sample is at all representative of British belles lettres and K. and F. 's sample is representative of American, then British belles lettres differs from American in article use.

In the case of the Press items, we sampled randomly from the entire edition in each case, so we compare our results with the middle press category, "Review". Here the *Observer* and the *Globe and Mail* conform to K. and F. 's mean while both the *New Statesman* and the *New Republic* deviate significantly, both being too low.

The American historical entry (B. H. U. S.) also appears to conform to K. and F. 's mean for learned writing, while Will Durant, who one feels in anomalous as a historical writer, does not.

Finally Agatha Christie differs significantly from the American norm in regard to article use.

The results of this section indicate a pair of questions that need answers:

(1) Is there a geographical variation in article use among English authors within a given genre?

(2) Is there a variation due to temporal location of the author, i. e. are there trends in article use within specific genres?

9. Conclusions

If the works considered here are at all representative of their genres (in regard to article use), then the following outlines emerge:

(1) Article use is in general not characteristic of an author. The same author even while writing in the same genre may vary his article use significantly. (C. f. Section 5.)

(2) Even within a given work article use may vary -- in particular in novels, passages devoted mainly to conversation will have low article counts (in the range 2 to 3 articles per 50-word block of text) while passages devoted to narrative have a high article counts (in the range 4 to 6 per 50-word block of text). Other genre oppositions appear to show similar variations. (C. f. Sections 3 and 6.)

(3) From this study it appears that certain ranges of the article count per 50-word block are roughly characteristic of different kinds of writing. Thus for conversation (and drama, c. f. Section 6) the range is between 2 and 3 articles/50-word block, for the novel between 3 and 5, and for historical writing in general 5 or greater.

(4) A comparison of our results with the word counts by KUČERA and FRANCIS [7] of Present-day American English, yields some evidence of a variation in article use on both the geographical and temporal axes in some genres. (C. f. Section 8.)

(5) As might be expected, some authors may operate outside the range of a given genre when a particular audience is under consideration, e. g. Will Durant in S. C. V. X. Perhaps if the genre categories were rendered more finely, this effect could be more easily explained.

As usual in studies of this sort, more questions than answers emerge. Article count seems to be a possible index of stylistic typology, but in order to verify this conclusively a lot more research is necessary.

References

[1] JAMES V. BRADLEY. *Distribution-free Statistical Tests.* Prentice-Hall, Englewood Cliffs, N. J., 1968.

[2] I. M. CHAKRAVARTI, R. G. LAHA, and J. ROY. *Handbook of Methods of Applied Statistics,* Vol. I. John Wiley, New York, 1967.

[3] ALVAR ELLEGÅRD. *A Statistical Method for Determining Authorship: The Junius Letters,* 1769–1772. Göteborg, 1962.

[4] G. ROSTREVOR HAMILTON. *The Tell-tale Article: A Critical Approach to Modern Poetry.* William Heinemann, London, 1949.

[5] M. G. KENDALL and A. STUART. *The Advanced Theory of Statistics,* Vol. III. Charles Griffin, London, 1966.

[6] J. KRÁMSKY. "The frequency of articles in relation to style in English", *Prague Studies in Mathematical Linguistics,* no. 2 (1967) 89–95.

[7] HENRY KUČERA and W. N. FRANCIS. *Computational Analysis of Present-day American English.* Providence, R. I., 1967.

[8] BERNARD C. MEYER. *A Joseph Conrad Psychoanalytic Biography.* Princeton University Press, Princeton, N. J. 1967.

[9] F. MOSTELLER and D. L. WALLACE. *Inference and Disputed Authorship: The Federalist.* Addison-Wesley, Reading, Mass, 1964.

[10] H. SCHEFFÉ. *The Analysis of Variance.* John Wiley, New York, 1959.

Footnotes

1. A variate X has the *n-translated Poisson* distribution with mean λ if

$$P(X = x) = \frac{(\lambda - n)^{x-n} e^{-(\lambda - n)}}{(x-n)!}$$

for $x = n, n + 1, n + 2, \ldots$ and $P(X = x) = 0$ for all other values of x.

2. The *mode* of a sample is the sample value that occurs most often.

Phonetische Variabilität des Dialekts, dargelegt am Beispiel des Donauschwäbischen[1]

von Slavko Geršić

1. Allgemeine Vorbemerkungen zum Donauschwäbischen und zum verwendeten Material

Für die in Jugoslawien, Ungarn und z. T. in Rumänien lebenden Deutschen war die Bezeichnung „Schwaben" üblich; so nannten sich diese Deutschen selbst, und so wurden sie von den anderen in diesem Gebiet lebenden Nationalitäten bezeichnet. Seit 1926 wurde es üblich, alle in der Donautiefebene siedelnden Deutschen der Einfachheit halber als „Donauschwaben" zu bezeichnen; in Analogie dazu wurde die Sprache dieser Siedler mit dem Terminus „Donauschwäbisch" belegt. Zweifellos ist dieser Sammelbegriff praktisch, er darf jedoch nicht so verstanden werden, als handle es sich um schwäbische Mundarten oder um eine einheitliche Mundart. Wir haben es mit Mischmundarten zu tun, und es kann schon von einem Ort zum Nachbarort recht erhebliche Unterschiede geben, je nachdem, welche Mundart sich stärker durchgesetzt hat, denn die Siedler stammten aus verschiedenen Gebieten Mittel- und Süddeutschlands und Österreichs, z. T. auch aus niederdeutschen Gebieten und wurden gemischt angesiedelt. Innerhalb dieses Großraumes sind vier Siedlungsgebiete zu unterscheiden: die „Schwäbische Türkei", Batschka, Banat und Syrmien (die letzten drei werden von den Jugoslawen als Vojvodina bezeichnet).

In den Ortsmundarten der Batschka haben sich überwiegend rheinfränkische Merkmale durchgesetzt, wenn auch einzelne Züge anderer Mundarten noch deutlich erkennbar sind. An einigen Merkmalen lassen sich die Mundarten katholischer und evangelischer Ortschaften der Batschka deutlich unterscheiden. In den katholischen Ortschaften hat sich das Badische (Südrheinfränkische) als dominierendes Element durchgesetzt; oberdeutsche Merkmale sind z. B. das Verkleinerungssuffix -le, -li, -l und die schwachen Formen des Adjektivs auf -i. Eines der auffallendsten Merkmale der Mundarten der evangelischen Ortschaften ist die Senkung der Vokale vor -r. Daneben gibt es auch Orte, wie z. B. Hodschag, die durch einen stärkeren Anteil oberdeutscher Merkmale auffallen, hier durch die Vertretung hochsprachlicher Langvokale durch Diphthonge wie im Bairisch-Schwäbischen.[2] Das der Arbeit zugrunde liegende Material waren Tonbandaufnahmen des Deutschen Spracharchivs von jeweils einem Sprecher aus drei verschiedenen Orten der Batschka (Kunbaja, Tscheb, Hodschag) mit einer Gesamtdauer von 36'40".

---

[1] Diese Arbeit stellt einen Auszug aus einem Teil meiner Dissertation dar: „Mathematisch-statistische Untersuchungen zur Variabilität am Beispiel von Mundartaufnahmen aus der Batschka", Göppinger Akademische Beiträge Bd. 14, Göppingen, 1970.

[2] Weitere Einzelheiten s. S. GERŠIĆ, HODSCHAG/BATSCHKA, im Druck (in: Festschrift für E. ZWIRNER) und S. GERŠIĆ, *Mathematisch-statistische Untersuchungen* . . .

2. Theoretische Überlegungen

Deskriptiv läßt sich ohne weiteres eine Reihe von Gemeinsamkeiten und Unterschieden bei diesen verschiedenen Ortsmundarten feststellen, jedoch drängt sich immer wieder die Frage auf, wie eng diese Mundarten miteinander verwandt sind, d. h. die Frage nach einem quantitativ bestimmbaren Maß für den Grad der Verwandschaft.

Die Aussage von SAPIR „Es ist theoretisch möglich, daß zwei Sprachen aus genau denselben Konsonanten und Vokalen aufgebaut sind, und doch akustisch ganz verschieden wirken",[1] läßt sich auch auf Mundarten ausweiten. Dafür würde sich der Tatbestand ergeben, daß es relativ große Mundartgebiete mit demselben phonologischen Inventar, jedoch innerhalb dieses größeren Raumes mehrere Gebiete gibt, in denen normative Unterschiede in der lautlichen Realisierung der Phoneme feststellbar sind.[2] Diese Beobachtung scheint die Lösung der Frage nach einem Maß für die Unterschiede bzw. die Übereinstimmung von Sprachen noch weiter zu komplizieren, aber sie bietet zugleich einen Ansatz für die Untersuchung der Nähe der Verwandtschaft von verschiedenen Ortsmundarten eines größeren Mundartgebietes, nämlich: Untersuchung der zwar oft unbedeutend erscheinenden, aber dennoch wichtigen feinen lautlichen Unterschiede, denn diese machen die unterschiedliche Wirkung aus. So vorzugehen erscheint legitim, da jeder Sprecher einer Mundart nicht nur intuitiv feststellen kann, ob das, was ein anderer Sprecher sagt, zu seiner eigenen Mundart gehört oder nicht, d. h. mit seiner Sprechweise übereinstimmt oder nicht, sondern sich Mundartsprecher oft auch sehr feiner lautlicher Unterschiede zur Sprache der umliegenden Orte bewußt sind, wie sich in der Verspottung der lautlichen Eigenheiten des Nachbarortes zeigt. Man kann in diesem Zusammenhang auch auf eine Annahme von HAMMARSTRÖM verweisen:

> Es dürfte im großen und ganzen der Satz gelten, daß in der eigenen Nähe die dialektalen Unterschiede mannigfacher sind, daß man aber die Unterschiede umso ungenauer feststellen kann, je weiter man sich der Heimat entfernt, weil einem Übung und Kenntnisse fehlen.[3]

Unter diesem Gesichtspunkt bietet gerade die Vielfalt der donauschwäbischen Mundarten ein gutes Material für Untersuchungen zum Grad der Verwandtschaft, wenn es gelingt, Mittel ausfindig zu machen, mit denen der Grad der Verwandtschaft meßbar gemacht werden kann.

Einen Ansatz dazu findet man in der Beobachtung, daß jede Realisierung eines Phonems von allen anderen Realisierungen desselben Phonems verschieden ist, d. h. daß jedes Phonem eine gewisse phonetische Variabilität aufweist, sogar in einem eng begrenzten Gebiet und sogar bei jedem einzelnen Sprecher. Diese phonetische Variabilität berührt in einem bestimmten Mundartgebiet weder den phonologischen Status der Laute, noch beeinträchtigt sie den Kommunikationsprozeß, im Gegenteil, sie kann sogar Auskunft geben über außersprachliche Gegebenheiten, z. B. Stimmung des Sprechers, soziale Zugehörigkeit des

---

[1] E. SAPIR, *Die Sprache*, München 1961, S. 55.

[2] Bisher hat man häufig die Übereinstimmung zweier Dialekte, Sprachen u. ä. im phonologischen Inventar überbewertet; bei der Frage nach der Verwandtschaft von Dialekten u. dgl. ist darüber hinaus auch danach zu fragen, ob und in welchem Maße Varianten und Distribution übereinstimmen.

[3] G. HAMMARSTRÖM, „Zur soziolektalen und dialektalen Funktion der Sprache", *Zeitschrift für Mundartforschung* 34, 1967, S. 212

Sprechers zu einer bestimmten Schicht oder Altersklasse u. dgl. Voraussetzung für die Bestimmbarkeit des Verwandtschaftsgrades bzw. des Unterschiedes von Dialekten (Sprachen), ist nunmehr, daß man die phonetischen Differenzen zwischen Lauten berechnen kann.

Die Berechnung phonetischer Differenzen kann schließlich dazu benutzt werden, um die phonetische Variabilität eines Idiolekts oder auch eines Dialekts quantitativ zu bestimmen.

Wenn man von phonetischen Differenzen zwischen Lauten spricht, dann hat man stillschweigend die Voraussetzung gemacht, daß der kontinuierliche Phonationsprozeß in Segmente, nämlich Laute, zerlegt werden kann, und daß diese Laute definiert werden können, denn sonst wäre es nicht möglich, Unterschiede festzustellen.

Einen Ansatzpunkt für das Unterfangen, phonetische Unterschiede zwischen Lauten festzustellen, bietet die Erkenntnis der artikulatorischen Phonetik, daß ein Lauttyp durch eine erstaunlich geringe Anzahl von Faktoren, die bei seiner Erzeugung zusammenwirken, hinreichend beschrieben werden kann.

Denkt man beispielsweise an die Beschreibung des Lauttyps [k] (Konsonant, stimmloser velarer Verschlußlaut), so sieht man, daß jeder einzelne der zur Beschreibung verwendeten Begriffe für eine Vielzahl anderer Laute zutrifft, daß der Laut durch die Gesamtheit der Begriffe jedoch unverwechselbar beschrieben ist — allerdings nur als weitgehend abstrakte — Lautqualität, als Lauttyp; diese Beschreibung gestattet noch keinen Vergleich individueller Realisationsformen. Für uns kommt es aber darauf an, auch die Merkmale zu erfassen, die ein Laut zusätzlich haben kann, d. h. die akzidentellen Merkmale, denn diese machen die Unterschiede zwischen den Idiolekten eines Dialekts aus.

Je nach dem Gesichtspunkt, den man wählt, können Laute zu verschiedenen Gruppen zusammengefaßt werden, so z. B. unter dem Gesichtspunkt Artikulationsart, Artikulationsstelle, Stimmbeteiligung etc. Innerhalb dieser Kategorien lassen sich geordnete Folgen feststellen, z. B. für die Artikulationsstelle von „vorne" nach „hinten": bilabial, labiodental, alveolar, palato-alveolar, palatal, velar, uvular, glottal; d. h. innerhalb dieser Parameterklassen gibt es eine Stufen- bzw. Rangordnung.

Wenn wir die Lautgestalt der Phoneme betrachten, so können wir feststellen, daß es in jeder Sprache eine endliche Anzahl solcher Elemente gibt, daß diese Elemente zueinander in bestimmten Beziehungen stehen und daß diese Elemente selbst wieder als Organisation von Elementen angesehen werden können, da sie sich mittels Analyse in verschiedene Eigenschaften (in dieser Arbeit Parameter genannt) beschreiben lassen. In ihrer Struktur entsprechen die aus der Beschreibung resultierenden materiellen Korrelate einem mathematischen Modell, denn es gibt eine Reihe mathematischer Strukturen, die völlig oder in erster Linie dadurch charakterisiert sind, daß es eine Reihe von Elementen gibt, für die bestimmte Beziehungen gelten.

Eines dieser Systeme hat als Elemente alle positiven ganzen Zahlen und als eine der elementaren Beziehungen „größer als". Eine Beziehung kann als Klasse geordneter Paare von Elementen oder — in manchen Fällen — von mehr als zwei Elementen bezeichnet werden. Die Zuordnung von Objekten zu einer Klasse beruht auf der Feststellung, daß die Objekte identisch sind oder nicht, d. h. zu einer Klasse werden nur Objekte zusammengefaßt, die sich in einer Hinsicht gleich sind. Dabei wird der Gesichtspunkt, unter dem die Objekte auf ihre Identität bzw. Zugehörigkeit zu einer Klasse befragt werden, durch die Fragestellung des Forschers bestimmt. So sind z. B. vom phonetischen Standpunkt aus niemals zwei völlig identische [k]-Laute zu finden während sie vom phonologischen Gesichtspunkt aus identisch sind, wenn sie mit der Definition übereinstimmen. Durch die Zuordnung und Zusammenfassung wohlunterschiedener Objekte zu einem neuen Denkobjekt entsteht eine Menge im Sinne der Mathematik.

Die bloße Feststellung, daß es eine Übereinstimmung zwischen einem linguistischen Tatbestand und einem mathematischen Modell gibt, bringt uns unserem Ziel, phonetische Unterschiede zwischen Lauten meßbar zu machen, noch nicht viel näher. Wie sollen wir unsere Vorstellungen aber realisieren, wenn für die Laute ein Tatbestand gilt, den WIENER folgendermaßen beschreibt:

> ... things do not, in general, run about with their measures stamped on them like the capacity of a freight car; it requires a certain amount of investigation to discover what their measures are.[1]

Es wäre also jetzt zu fragen, was in unserem Zusammenhang unter Messen verstanden werden kann, da es sich nicht um direkt meßbare Größen wie bei der physikalischen Seite von Lauten, etwa Dauer, Tonhöhe, Frequenzen oder ähnliches geht. Um auf diese Frage eine Antwort zu finden, muß man die allgemeinere Definition des Begriffes Messen zugrunde legen, wonach Messen im Zuordnen von Zahlen zu Objekten besteht, so daß bestimmte Relationen zwischen Zahlen analoge Relationen zwischen den Objekten wiederspiegeln, d. h. Objektrelationen werden durch adäquate Zahlenrelationen abgebildet.

Jetzt wäre noch zu fragen, welche Skala in unserem Falle zum Messen geeignet wäre. Wenn es nur darum ginge, Objekte zu Klassen zu ordnen, wäre die Kategorial- oder Nominalskala angebracht. Dieses Verfahren ist in der Linguistik weit verbreitet, besonders dort, wo Entscheidungen über Identität bzw. Vorhandensein oder Nichtvorhandensein eines Merkmals auf ein System binärer Entscheidungen reduziert werden, etwa bei Klassifizierungen der Art: Konsonant/Vokal, oder bei Vokalen Vorder-/Hinterzungenvokal u. ä. In unserem Falle geht es aber nicht nur darum, Klassen von Objekten zu bilden, die hinsichtlich eines Merkmals identisch sind, sondern wir haben oben schon festgestellt, daß es innerhalb der Parameterklassen Stufe gibt, die nach einer „größer als" — Relation geordnet sind. Wir haben es also nicht wie auf der Nominalskala mit Feststellungen der Art zu tun: $A = B$ oder $A \neq B$, sondern $A = B$ oder $A \gtreqless B$; hier handelt es sich um ein Messen auf einer topologischen oder Ordinalskala.

Blicken wir noch einmal auf unsere bisherigen Überlegungen zurück, so können wir sagen. Ein Laut kann als Element (im mathematischen Sinne) betrachtet werden, weil er ein wohlunterschiedenes Objekt in einer Menge ist, zwischen deren Elementen eine Beziehung besteht. Der Laut ist ein Element einer Organisation; er stellt jedoch selbst eine Organisation dar, weil an der Erzeugung eines Lautes verschiedene Faktoren beteiligt sind. Diese am Phonationsprozeß beteiligten Faktoren, z. B. Artikulationsstelle, Artikulationsart usw. kann man als Gesichtspunkte wählen, unter denen man die Laute auf ihre Identität befragt. Innerhalb einer solchen Parameterklasse kann man verschiedene Stufen unterscheiden, z. B. hinsichtlich der Artikulationsstelle die Stufenfolge von bilabial bis glottal. Ein

---

[1] Zitat nach F. SIXTL, *Meßmethoden der Psychologie*, Weinheim, 1967, S. 1

besonderes Merkmal der Stufen des Phonationsprozesses innerhalb einer Parameterklasse ist darin zu sehen, daß diese Stufenfolge geordnet und nicht beliebig vertauschbar ist. Betrachtet man z. B. die Parameterklasse „Stimmbeteiligung", so kann man entweder vom Minimum zum Maximum fortschreitend eine Stufenfolge aufstellen oder umgekehrt; entsprechend kann man für die Elemente dieser Klasse die Beziehung „größer als" oder „kleiner als" definieren; innerhalb der so oder so definierten Beziehung liegt jedoch die Reihenfolge der Elemente fest. Man kann also Parameterklassen und innerhalb der Parameterklassen ein gradweise abgestuftes System aufstellen.

Gemäß der oben gegebenen Definition des Messens kann man nun die Stufen innerhalb einer Parameterklasse mit fortlaufenden Zahlen bezeichnen, d. h. die begrifflichen Beschreibungen durch Zahlenabbildungen ersetzen. Die begriffliche Definition eines Lautes kann entsprechend durch eine Zahlenkombination ausgedrückt werden, d. h. sie wird durch einen Vektor ersetzt.[1]

Bei diesem Verfahren werden die Kategorien der artikulatorischen Phonetik als Mengen betrachtet und definiert. Diese neuen Definitionen haben den Vorteil, daß sie einfacher zu überschauen sind, daß man mit ihnen besser umgehen kann und daß man mit ihnen eine Reihe von mathematischen Operationen durchführen kann, die es uns z. B. erlauben, phonetische Unterschiede zwischen Lauten zu berechnen.

Ein Problem ist hier noch zu erörtern. Wir messen einen kontinuierlichen Prozeß mit Hilfe einer diskreten Meßgröße. Wie können wir auf diese Weise zu genauen Ergebnissen kommen und was kann 'Genauigkeit' in diesem Zusammenhang heißen, da es sich bei einem solchen Messen immer nur um Näherungswerte handeln kann? In diesem Zusammenhang muß daran erinnert werden, daß jedes Messen eine Approximation darstellt, und es hängt von den technischen Möglichkeiten und der Art der Fragestellung ab, wie genau Messungen sein können bzw. sein müssen. Wenn zwei Objekte als 'gleich' bezeichnet werden, müssen sie nicht unbedingt identisch sein; es hängt von der Feinheit der Differenzierung ab, 'wie gleich' Objekte sind, die zu einer Klasse gezählt werden. Da wir relativ feine Unterschiede meßbar machen wollen, müssen wir also versuchen, ein möglichst feines Meßverfahren zu finden. Die Genauigkeit unserer Messungen wird nicht nur von der Zahl der Stufen innerhalb einer Parameterklasse abhängen (diese sollte aus praktischen Gründen nicht mehr als die Stufenfolge von 0 bis 9 umfassen), sondern auch von der Anzahl der Parameterklassen. Wenn man nicht nur die Faktoren berücksichtigt, durch die ein Lauttyp definiert wird, sondern auch diejenigen berücksichtigt, durch die die akzidentellen Merkmale berücksichtigt werden können, wird die Messung genauer, d. h. dem kontinuierlichen Phonationsprozeß stärker angenähert.

Mit Hilfe der Vektoren, die man nach der Skalierung für die Laute aufstellt, können nach verschiedenen Formeln phonetische Differenzen zwischen Lauten berechnet und schließlich ähnliche Berechnungsverfahren für die oben angegebenen Aufgaben entwickelt werden.

[1] Vgl. C. F. HOCKETT, *Language, Mathematics and Linguistics,* The Hague, 1967, S. 123: "The speech-signal can be viewed as a continuous time-dependent v-dimensional vector $y(t) = (y_k)_v$. The dimensionality v is the number of independent parameters that must be specified to characterize the speech signal at any given instant."

3. Vektorenaufstellung

Nach ALTMANN sind „die hauptsächlichsten und quantitativ meßbaren Unterschiede zwischen Phonemen . . . 1. phonetischer oder 2. phonemischer Art oder beruhen auf 3. ihrer Funktion, 4. ihrer Verteilung, 5. ihrer Häufigkeit oder 6. ihrer Rangordnung."[1]

Da es unmöglich wäre, alle diese Untersuchungen an unserem recht umfangreichen Material vorzunehmen, mußten wir uns auf einen Aspekt beschränken. Wie schon in der Einleitung erwähnt wurde, interessierte uns besonders das Maß der Variabilität verschiedener Idiolekte innerhalb eines Dialekts, d. h. wir beschränken uns auf die erste der oben aufgeführten Möglichkeiten. Unsere Untersuchung ist empirisch, und wir haben auf eine weitreichende Problemdarstellung verzichtet.

Im Zusammenhang mit unserer Fragestellung sind hauptsächlich zwei Arbeiten zu nennen:

1. GRIMES und AGARD: Linguistic Divergence in Romance [2] und
2. PETERSON und HARARY: Foundations of Phonemic Theory [3].

GRIMES und AGARD gehen von der Fragestellung aus, wie eng zwei Sprachen A und B miteinander verwandt sind, von denen man mit den herkömmlichen Mitteln der Linguistik nur sagen kann, daß sie enger miteinander verwandt seien als mit einer dritten Sprache C, d. h. auch sie fragen nach einem Maß für den Grad der Verwandtschaft von Sprachen.

Ausgehend von PIKEs 'concept of rank of stricture'[4] stellen die Autoren fest, daß jeder Laut ihres Materials durch sechs voneinander unabhängige Variablen beschrieben werden kann, u. zw.:

1. Artikulationsstelle,
2. Verengung des Luftstroms an der Mittellinie des Mundes,
3. effektive Dauer der zentralen Verengung,
4. sekundäre Artikulation des Luftstroms im oralen Raum,
5. Tätigkeit des Zäpfchens,
6. Stimmbeteiligung.[5]

In Anlehnung an PETERSON und HARARY nennen wir diese Variablen Parameterklassen. An der Erzeugung eines jeden Lautes aus dem Material von GRIMES-AGARD sind diese sechs Parameterklassen beteiligt, d. h. jeder Laut ist als Punkt in einem sechsdimensionalen Raum bzw. als Vektor aus sechs Komponenten darstellbar. Jede der Komponenten des Vektors, d. h. jede der Parameterklassen u, v, w, x, y, z wird weiter unterteilt, wobei jeder Stufe innerhalb einer Parameterklasse eine Zahl zugeordnet wird.

Die begriffliche Beschreibung eines Lautes kann jetzt durch einen Vektor ersetzt werden; so lautet z. B. der Vektor für [k] 613002, d. h.: dorsaler Verschluß, 'normale' Verengung, keine sekundäre Artikulation, Velum geschlossen, die Stimmbänder sind offen.

[1] G. ALTMANN, "Differences between Phonemes", *Phonetica* 19, 1969, S. 131
[2] J. E. GRIMES, E. B. AGARD, "Linguistic Divergence in Romance", *Language* 35, 1959, S. 598–604.
[3] G. E. PETERSON, F. HARARY, "Foundations of Phonemic Theory", *Proceedings of Symposia in Applied Mathematics* 12, 1961, S. 139–165.
[4] K. L. PIKE, *Phonetics*, Ann Arbor, 1943, S. 129 ff.
[5] GRIMES-AGARD, S. 601 f.

Mit Hilfe der Vektoren kann man nun Differenzen zwischen Lauten berechnen.
GRIMES-AGARD haben dies auf die einfachste Weise getan, indem sie die numerische
Differenz für jedes Glied der Vektoren feststellten und dann alle Differenzen summierten.
Zur Erläuterung des Verfahrens sei hier ein Beispiel zitiert, das GRIMES und AGARD in
ihrer Arbeit geben, u. zw. die Berechnung der Differenz für den medialen Konsonanten
für Spanish/kábo/[kábo] und Italienisch/kápo/[ká·po]:

$$
\begin{array}{lcccccc}
[\text{b}] & 1 & 2 & 3 & 0 & 0 & 1 \\
[\text{p}] & 1 & 1 & 3 & 0 & 0 & 2 \\
\hline
& 0 + & 1 + & 0 + & 0 + & 0 + & 1 = 2
\end{array}
$$

[b] und [p] differieren also um den Wert 2.

Folgende Züge der Arbeit von GRIMES-AGARD sind für den späteren Vergleich mit
PETERSON-HARARY festzuhalten: GRIMES und AGARD betrachten alle Parameterklassen als äquivalent; sie haben keine gesonderten Parameterklassen für Vokale und Konsonanten, daher sind Vergleiche zwischen Vokalen und Konsonanten möglich, was für einen Vergleich von Sprachen wichtig sein kann. Nach ihrem Verfahren ist es möglich, phonetische Differenzen zwischen Wörtern zu bestimmen, denn sie haben Vokal- und Konsonantenverlust berücksichtigt. Bei Vokal- und Konsonantenverlust ist der Grad der Öffnung
oder des Verschlusses das einzig relevante Merkmal, deshalb wurden alle anderen Stellen
des Vektors im entsprechenden Falle mit 9 besetzt. Die Verwendung dieser Zahl galt als
Anweisung, an den betreffenden Stellen keine Differenzen zu den entsprechenden Vektor-
gliedern des zweiten Lautes zu berechnen. Mit dem Verfahren von GRIMES-AGARD können — allerdings nur recht grobe — phonetische Differenzen berechnet werden.

Die Ziele der Arbeit von PETERSON-HARARY sind — wie schon der Titel andeutet
— viel höher gesteckt als bei GRIMES-AGARD.

Sie versuchen, auf der Grundlage der physiologischen (artikulatorischen) Phonetik
mit Hilfe von Begriffen der Typentheorie und der Theorie der Relationen eine allgemein-
gültige Phonemtheorie zu definieren.[1]

Die Autoren stellen gesonderte Parameterklassen für Vokale und Konsonanten auf,
weil es nur eine verhältnismäßig geringe Anzahl von Parameterklassen gibt, die an der Ge-
staltung beider Lautgruppen beteiligt sind, nämlich: 1. Richtung des Luftstroms, 2. Stimmbeteiligung und 3. sekundäre Artikulation. Weitgehend sind es praktische Gründe, die eine
derartige Trennung angebracht erscheinen lassen, denn durch die Trennung bekommt man
die Möglichkeit, innerhalb der Parameterklassen für die artikulatorischen Parameter feinere
Unterteilungen einzuführen, ohne daß man gezwungen wäre, die Zahl 9 zu überschreiten,
was aus praktischen Gründen nicht zu empfehlen ist.

---

[1] Die Autoren erklären: "We wish to develop a general theory which will provide the basis for a con-
sistent (and mechanizable) symbolic representation of the speech of specific languages.", a. a. O. S.
154

Nach Sichtung des durch die Phonetik bereitgestellten Materials stellten PETERSON und HARARY sieben Klassen von Vokal- (V) und Konsonantenparametern (C) auf, u. zw.:

1. Zungenhöhe, (V)
2. Stellung der Zunge in Bezug auf die Rückwand des Pharynx, (V)
3. Artikulationsart, (C)
4. Artikulationsstelle, (C)
5. Richtung des Luftstroms, (V,C)
6. Stimmbeteiligung, (V,C)
7. sekundäre Artikulation, (V,C).[1]

Gemäß ihrem Ansatz müssen die Autoren diese Parameterklassen zu einer Hierarchie ordnen und die Stellung jeder Klasse in der Hierarchie durch eine entsprechende Zahl kennzeichnen. Da auch die Stufen innerhalb der Parameterklassen durch Zahlen bezeichnet werden, ergibt sich eine Dezimalklassifizierung; dadurch wird bei Berechnungen die Arbeit kompliziert. Gegen die von PETERSON-HARARY vorgenommene Hierarchienbildung ist jedoch ein noch schwerwiegenderer Einwand vorzubringen. Es läßt sich leicht zeigen, daß die konsequente Anwendung ihres Verfahrens auf andere Sprachen zu unhaltbaren Aussagen führt.[2]

Gegen eine Ordnung der Parameterklassen nach ihrer Bedeutung für den Artikulationsprozeß wäre nichts einzuwenden, wenn es für eine solche Rangordnung objektive linguistische Maßstäbe gäbe. Solange es keine objektiven Kriterien für eine Rangordnung der Parameterklassen gibt, müssen diese als gleichrangig angesehen werden.

Obwohl PETERSON-HARARY ein vollkommenes System anstrebten, muß betont werden, daß es sich als notwendig erweist, das von ihnen vorgeschlagene System für die jeweils zu untersuchende Sprache zu modifizieren, nicht benötigte Parameter beiseite zu lassen und eventuell erforderliche neue Parameter einzuführen.

Da es uns darauf ankommt, phonetische Unterschiede zwischen stark differenzierten Lauten, d. h. zwischen Lauten, die ziemlich stark von der 'normalen Lautqualität' abweichen können, festzustellen, brauchen wir ziemlich fein unterteilte Skalen; für unsere Zwecke reichen die von GRIMES-AGARD und PETERSON-HARARY aufgestellten Skalen und Berechnungsverfahren nicht aus. Wir versuchen, die von den genannten Autoren entwickelten Verfahren zu erweitern und so zu kombinieren, daß wir die Nachteile beider Verfahren ausschließen und die Vorteile verbinden.

Wie GRIMES und AGARD betrachten wir die Parameterklassen als gleichrangig, um das Element subjektiver Entscheidungen zu eliminieren, das bei der Bildung von Hierarchien bei PETERSON und HARARY zu beobachten ist. Wie GRIMES und AGARD müssen wir eine Möglichkeit für Wortvergleiche finden. Nach PETERSON und HARARY stellen wir im Gegensatz zu GRIMES und AGARD gesonderte Parameterklassen für Vokale und Konsonanten auf; dies erscheint notwendig, da sonst die durch die Vielzahl der Parameter verfeinerten Skalen zu umfangreich und deshalb die Vektoren zu kompliziert geworden wären; dadurch wäre die Zahl der möglichen Fehler, insbesondere bei der Vorbereitung der maschinellen Berechnung, erheblich gesteigert worden.

[1] PETERSON, HARARY, S. 147
[2] Vgl. dazu S. GERŠIĆ, *Mathematisch-statistische Untersuchungen* ... S. 100 f.

Wir haben folgende Parameterklassen aufgestellt:

1. für Konsonanten:

    A Artikulationsstelle
    B Artikulationsart
    C Stimmbeteiligung
    D sekundäre Artikulation
    E Dauer,

2. für Vokale:

    A vertikale Zungenlage
    B vertikale Zungenlagenmodifikation
    C horizontale Zungenlage
    D horizontale Zungenlagenmodifikation
    E sekundäre Artikulation
    F Dauer.

Diese Parameterklassen wurden in Stufen unterteilt, und den Stufen wurden in der üblichen Weise ganze positive Zahlen zugeordnet. Danach ergaben sich folgende Aufstellungen:

1. Konsonanten:

A. *Artikulationsstelle*

    0 bilabial
    1 labio-dental
    2 alveolar
    3 palato-alveolar
    4 palatal
    5 velar
    6 uvular
    7 glottal

B. *Artikulationsart*

    0 plosive
    1 nasale
    2 laterale
    3 vibrante
    4 frikative
    5 Konsonantenverlust

C. *Stimmbeteiligung*

    0 stimmlos
    1 lenisiert
    2 fortisiert
    3 stimmhaft

D. *Sekundäre Artikulation*

    0 ohne sekundäre Artikulation
    1 palatalisiert
    2 leicht aspiriert
    3 stark apsiriert

E. *Dauer*

    0 kurz
    1 halblang
    2 lang

2. Vokale:

A. *Vertikale Zungenlage*

   0 Vokalverlust
   1 hoch
   2 halbhoch
   3 übermittelhoch
   4 untermittelhoch
   5 halbtief
   6 tief

B. *Vertikale Zungenlagenmodifikation*

   0 tendenzielle Schließung
   1 Normallage
   2 tendenzielle Öffnung

C. *Horizontale Zungenlage*

   0 proversale (vorne)
   1 zentrale (Mitte)
   2 retroversale (hinten)

D. *Horizontale Zungenlagenmodifikation*

   0 Vorverlegung des Vokals
   1 Normallage
   2 Rückverlegung des Vokals

E. *Sekundäre Artikulation*

   0 gespreizt
   1 gespreizt-nasaliert
   2 tendenzielle Entrundung
   3 tendenzielle Rundung
   4 gerundet
   5 gerundet-nasaliert

F. *Dauer*

   0 kurz
   1 halblang
   2 lang
   3 überlang

Nach der Aufstellung der Parameterklassen wurden die im Material vorgefundenen Laute diesem System zugeordnet.[1] Aus diesen Aufstellungen wurden für die Laute des Materials Vektoren zusammengestellt; daraus geben wir zur Veranschaulichung einen Auszug wieder.

Auszug aus der Tabelle Vektoren für Konsonanten[2]

01	p	00000	07	b	00300
02	p'	00020	08	ḅ	00200
03	pʰ	00030	09	ḅ'	00220
04	p̬	00100	10	m	01300
05	p̬'	00120	11	m:	01302
06	p̬ʰ	00130	12	ŋ	11300

Um Wörter vergleichen zu können, mußte auch Vokal- bzw. Konsonantenverlust in die Aufstellungen einbezogen werden. Für Konsonanten bekommen wir einen Vektor

$$R(i) = [a_1, a_2, a_3, a_4, a_5]$$

und für Vokale

$$R(i) = [a_1, a_2, a_3, a_4, a_5, a_6],$$

wobei die Glieder des Vektors die qualitativ gekennzeichnete Stufe innerhalb der einzelnen Parameterklassen angeben. Die Indizes von a können von 1 bis k gehen, ihre Anzahl gibt die

---

[1] Diese Tabellen sind wiedergegeben in: S. GERŠIĆ, *Mathematisch-statistische Untersuchungen* . . . , S. 102–106.

[2] Die gesamten Aufstellungen sind a. a. O., S. 107–111 zu finden.

Zahl der Komponenten des Vektors R an. In unserem Falle ergibt sich k = 5 für Konsonanten und k = 6 für einen Vokal, d. h. ein Konsonant wird durch einen fünfstelligen, ein Vokal durch einen sechsstelligen Vektor dargestellt. Im allgemeinen kann R eine beliebige endliche Zahl von Eigenschaften repräsentieren; die Zahl der Glieder von R hängt von der Anzahl der Parameterklassen ab. So wird z. B. der Laut [l] durch den Vektor 22300 dargestellt. In Worten ausgedrückt lautet die durch Zahlen symbolisierte Beschreibung des Lautes: 2 = alveolar, 2 = lateral, 3 = stimmhaft, 0 = ohne sekundäre Artikulation, 0 = kurz. Um die maschinelle Auswertung des Materials zu vereinfachen, wurde jedem durch einen Vektor dargestellten Laut eine fortlaufende Nummer zugeordnet (in dem Tabellenauszug die Ziffer vor dem jeweiligen Laut), unter der der Laut im Inventar zu finden ist.

In ähnlicher Weise haben wir auch die Parameterklassen für die suprasegmentellen Eigenschaften in Anlehnung an die Definitionen von H. RICHTER aufgestellt.[1]

4. Berechnung der phonetischen Distanzen und der phonetischen Variabilität

4.1. Phonetische Distanzen zwischen Lauten

Bei der Aufstellung der Formel zur Berechnung phonetischer Differenzen haben wir uns an die Formel von GRIMES und AGARD gehalten, weil diese einfach und leicht zu berechnen ist und nicht wie die Formel von PETERSON und HARARY eine nicht vorhandene Kontinuierlichkeit vortäuscht. Wir berechnen die phonetischen Differenzen nach der Formel (1):

$$d(i,j) = \{ |R(i) - R(j)| \} U = \sum_{k\,=\,1} |a_{i_k} - a_{j_k}|, \tag{1}$$

wo R(i) und R(j) die Vektoren der Laute sind; U ist ein Einheitsvektor.

In Worten ausgedrückt hat die Formel die Bedeutung: die Differenz zwischen den Lauten i und j ist gleich der Summe der absoluten Werte der Differenzen zwischen den Vektorelementen (= Parameterstufen).

Hier soll nun am Beispiel der Berechnung der phonetischen Differenz zwischen [t] und [z] gezeigt werden, wie die Berechnung der Differenzen in der Praxis aussieht. Wir schreiben die Vektoren R(t) = [20000] und R(z) = [24300] aus dem Verzeichnis der Vektoren heraus und berechnen die Differenz d(t,z)

/2–2/ + /0–4/ + /0–3/ + /0–0/ + /0–0/ = 7.

An einem zweiten Beispiel, [n] und Konsonantenverlust (Kv), soll gezeigt werden, wie in diesem Falle die Berechnung vor sich geht. Bei Konsonantenverlust ist die Artikulationsart die einzig relevante Parameterklasse. Deshalb sind alle anderen Glieder des Vektors mit x besetzt. Dieses Zeichen gilt als Anweisung, an dieser Stelle die Differenzen zwischen parallelen Gliedern von Vektoren nicht zu berechnen.

[1] H. RICHTER, „Anleitung zur auditiv-phänomenalen Beurteilung sprachlicher Äußerungen", *Gesprochene Sprache, Forschungsberichte 7*, 1966, S. 11–21.

Wir haben für unser Beispiel die Vektoren R(n) = [21300] und R(Kv) = [x5xxx]. Die Differenz beträgt

$$d(n,Kv) = /1-5/ = 4.$$

Nach der Berechnung der phonetischen Differenzen zwischen den Lauten unseres Materials stellten wir die Ergebnisse in Tabellen zusammen, aus denen wir hier nur einen Auszug wiedergeben.

01	02	03	04	05	06	07	08	09	10	11	12	13	14	15	16	17	18	...	67	
p	p‘	pʰ	p̬	p̬‘	p̬ʰ	b	ḅ	ḅ‘	m	m:	ŋ	ŋ·	f	f·	v	t	t‘	...		
0	2	3	1	3	4	3	2	4	4	6	5	6	5	6	8	2	4	...		p
	0	1	3	1	2	5	4	2	6	8	7	8	7	8	10	4	2	...		p‘
		0	4	2	1	6	5	3	7	9	8	9	8	9	11	5	3	...		pʰ
			0	2	3	2	1	3	5	5	4	5	6	7	7	3	5	...		p̬
				0	1	4	3	1	5	7	6	7	8	9	9	5	3	...		p̬‘
					0	5	4	2	6	8	7	8	9	10	10	6	4	...		p̬ʰ
						0	1	3	1	3	2	3	8	9	5	5	7	...		b
							0	2	2	4	3	4	7	8	6	4	6	...		ḅ
								0	4	6	5	6	9	10	8	6	4	...		ḅ‘
									0	2	1	2	7	8	4	6	8	...		m
										0	3	2	9	8	6	8	10	...		m:
											0	1	6	7	3	5	7	...		ŋ
												0	7	6	4	6	8	...		ŋ·
													0	1	3	5	7	...		f
														0	4	6	8	...		f·
															0	8	10	...		v
																0	2	...		t
																	0	...		t‘
																				Kv

4.2. Phonetische Distanzen zwischen Wortpaaren und die mittlere Variabilität von Worten

Wenn wir die phonetischen Differenzen zwischen zwei Lauten berechnen können, dann ist es leicht, die phonetischen Differenzen zwischen Wortpaaren zu berechnen, u. zw. als Summe der Differenzen zwischen den Lauten. Dabei war die Einführung der schon erwähnten Vektoren für Vokal- und Konsonantenverlust notwendig, u. zw. für Fälle, in denen in einem der Wortpaare ein Laut nicht artikuliert wurde, wenn z. B. für das Wort /e:r/ die Realisierungen [r̩] und [ər] verglichen werden sollten.

Für die Berechnung lautlicher Differenzen zwischen Wortpaaren wollen wir zuerst folgendes definieren:

Es sei $W^i_{p_q}$ die q-te Variante des p-ten Wortes des i-ten Sprechers, so ist z. B. [axt] die erste

Variante (q=1) des dritten Wortes (p=3) des zweiten Sprechers (i=2). Dann definieren wir
die phonetische Differenz zwischen zwei Varianten eines Wortes bei demselben Sprecher
als:

$$d(W_{p_q}^i, W_{p_r}^i) = \sum_{m=1}^{M} d(q_m, r_m) = \sum_{m=1}^{M} \sum_{k=1}^{K} |a_{q_k,m} - a_{r_k,m}|. \tag{2}$$

Diese Formel sieht wegen der vielen Indizes kompliziert aus, das Rechenverfahren ist jedoch
sehr einfach, da nacheinander die einander entsprechenden Lautpaare der Wörter verglichen
und die Differenzen summiert werden.

Die in der Formel verwendeten Indizes haben folgende Bedeutung:

k = k-tes Glied des Vektors R; $k = 1, 2, 3, \ldots K$

K ist die Anzahl der Vektorenglieder

i, j (oben) = Sprecher i, j

p = p-tes Wort im Wortverzeichnis[1])

q,r (unten) = q-te und r-te Variante des Wortes

P_q, P_r = q-te und r-te Variante des Wortes p

m, n = m-ter, n-ter Laut des Wortes: $m, n = 1, 2, 3 \ldots M$

M = Anzahl der Laute im Wort.

Hier muß noch vermerkt werden, daß wir in der Formel (2) in den Vektorenzahlen a, i, k,
m usw. die Indizes p_q und p_r ausgelassen haben, weil sonst die vielen Indizes unübersicht-
lich geworden wären. Wir haben uns damit begnügt, daß wir diese p_q und p_r nur in der
Definition $d(W_{p_q}^i, W_{p_r}^i)$ aufgeführt haben.

Die mittlere phonetische Variabilität des Wortes p beim Sprecher i $\overline{V}_p^i$ wird definiert
als:

$$\overline{V}_p^i = \frac{\sum\limits_{q<r} d(W_{p_q}^i, W_{p_r}^i) F_{p_q}^i F_{p_r}^i}{M_p^i \sum\limits_{q<r} F_{p_q}^i F_{p_r}^i + C}$$

$$\text{wo } C = \begin{cases} \sum\limits_{q=1}^{Q^i} \dfrac{F_{p_q}^i ! M_{p_r}^i}{2! (F_{p_q}^i - 2)!} & \text{wenn } F_{p_q}^i \geqq 2 \\[2em] 0 \text{ wenn } F_{p_q}^i = 1 \end{cases} \tag{3}$$

Im Zähler ist $d(W_{p_q}^i, W_{p_r}^i)$ schon bekannt. d wurde mit Hilfe der Formel (2) berechnet. Jede Variante kann mehrmals vorkommen, deshalb müssen wir ihre Frequenzen F (Zahl der
Fälle) in Betracht nehmen, d. h. wir müssen jede Variante entsprechend der Häufigkeit

[1]) S. dazu S. GERŠIĆ, *Mathematisch-statistische Untersuchungen . . .* , S. 221–250.

ihres Vorkommens berücksichtigen. Die Zahl C gibt die Anzahl der Vergleiche innerhalb derselben Variante q an, wo die Differenzen immer 0 waren. Falls die Frequenzen (Zahl der Fälle) der Variante q gleich oder größer als 2 sind, ist die Anzahl der Vergleiche $\binom{F}{2}$ M. Q ist die Anzahl der Varianten eines Wortes, Q^i ist die Anzahl der Varianten eines Wortes beim Sprecher i.

Das Rechenverfahren wollen wir an einem Beispiel illustrieren: Wir nehmen:

$$W^2_{3} = \begin{cases} W^2_{3_1} = [a\mathrm{xt}], \ F^2_{3_1} = 1 \\ \\ W^2_{3_2} = [\mathit{?}\,a\mathrm{xt}], \ F^2_{3_2} = 1 \end{cases}$$

und berechnen

$$d(W^2_{3_1}, W^2_{3_2}) = \left\{ \sum_{m=1}^{4} \sum_{k=1}^{T} |a_{i_k,m} - a_{j_k,m}| \, F^2_{3_1} \, F^2_{3_2} = \right.$$

$$= \sum_{k=1}^{5} |a_{i_{k,1}} - a_{j_{k,1}}| + \sum_{k=1}^{5} |a_{i_{k,2}} - a_{j_{k,2}}| +$$

$$\left. + \sum_{k=1}^{5} |a_{i_{k,3}} - a_{j_{k,3}}| + \sum_{k=1}^{5} |a_{i_{k,4}} - a_{j_{k,4}}| \right\} F^2_{3_1} \, F^2_{3_2} =$$

$$= [d(Kv, \mathit{?}) + d(a, a) + d(x, x) + d(t, t)] \, F^2_{3_1} \, F^2_{3_2} =$$

$$= \{([x5xxx] - [70300] + ([610100] - [612100]) +$$

$$+ 0 + 0 + 0 \} (1)\,(1) = 5$$

$$\sum_{q < r} M^i_p \, F^i_{p_q} \, F^i_{p_r} = M^2_3 \, F^2_{3_1} \, F^2_{3_2} = 4(1)\,(1) = 4$$

$$C = 0, \text{ weil } F^2_{3_1} = F^2_{3_2} = 1, \text{ dann } \overline{V}^2_3 = \frac{5}{4} = 1,25.$$

Analog kann die mittlere Variabilität eines Wortes p überhaupt, ohne Rücksicht auf den Sprecher, d. h. die mittlere Variabilität des Wortes im Dialekt nach der Formel (4) berechnet werden:

$$\overline{V}_p = \frac{\displaystyle\sum_{q < r} d(W_{p_q}, W_{p_r}) \, F_{p_q} \, F_{p_r}}{M_p \displaystyle\sum_{q < r} F_{p_q} \, F_{p_r} + C} \tag{4}$$

$$
\text{wo } C = \begin{cases} M_p \sum_{q=1}^{Q} \dfrac{F_{p_q}!}{2!(F_{p_q}-2)!} & \text{wenn } F_{p_q} \geqslant 2 \\[20pt] 0 & \text{wenn } F_{p_q} = 1. \end{cases}
$$

4.3. Phonetische Variabilität eines Idiolekts, des Dialekts und mittlere phonetische Differenz zwischen zwei Idiolekten

Ein ähnliches Verfahren wie oben wird auch zur Berechnung der mittleren phonetischen Variabilität des Sprechers i verwendet. Für dieses Vorhaben benutzen wir eine leicht abgewandelte Form der Formel (4), nämlich:

$$
\overline{V}^i = \frac{\displaystyle\sum_p \sum_{q<r}^{Q^i} d(W_{p_q}^i, W_{p_r}^i)\, F_{p_q}^i\, F_{p_r}^i}{\displaystyle\sum_p \sum_{q<r}^{Q^i} M_p^i\, F_{p_q}^i\, F_{p_r}^i + \sum_p C_p}\ , \tag{5}
$$

wobei C aus Formel (4) zu entnehmen ist. Schließlich berechnen wir die mittlere phonetische Variabilität des Dialekts nach Formel (6):

$$
\overline{V}(\text{Dialekt}) = \frac{\displaystyle\sum_p \sum_{q<r} d(W_{p_q}, W_{p_r})\, F_{p_q}\, F_{p_r}}{\displaystyle\sum_p \sum_{q<r}^{Q} M_p\, F_{p_q}\, F_{p_r} + \sum_p C_p}\ . \tag{6}
$$

Will man die phonetische Distanz zweier Sprecher i und j in einem Wort p, das mindestens bei einem der Sprecher in mehreren Varianten q vorkommt, berechnen, so verwendet man Formel (7). Dabei werden alle Varianten eines Wortes bei einem Sprecher mit denen des anderen Sprechers verglichen.

$$
\overline{d}_p^{i,j} = \overline{d}(W_p^i, W_p^j) = \frac{\displaystyle\sum_{r=1}^{Q^j} \sum_{q=1}^{Q^i} d(W_{p_q}^i, W_{p_r}^j)\, F_{p_q}^i\, F_{p_r}^j}{M_p \displaystyle\sum_r \sum_q F_{p_q}^i\, F_{p_r}^j} \tag{7}
$$

Für das Rechenverfahren geben wir wieder ein Beispiel. Wir nehmen das dritte Wort (W_3) aus dem Wortverzeichnis[1]:

$$W_3^2 = [2\text{axt}]; \qquad F_3^2 = 3$$

$$W_{3_1}^3 = [a\text{xt}]; \qquad F_{3_1}^3 = 1$$

$$W_{3_2}^3 = [2\text{axt}]; \qquad F_{3_2}^3 = 1$$

und rechnen nach Formel (7):

$$\bar{d}_3^{2,3} = \bar{d}\,(W_3^2, W_3^3) = \frac{\displaystyle\sum_{r=1}^{2} \sum_{q=1}^{1} d(W_{3_q}^2, W_{3_r}^3)\, F_{3_q}^1\, F_{3_r}^3}{M_3 \displaystyle\sum_{r} \sum_{q} F_{3_q}^2\, F_{3_r}^3}$$

Wir bekommen:

$$\sum_{r=1}^{2} \sum_{q=1}^{1} d(W_{3_q}^2, W_{3_r}^3)\, F_{3_q}^2\, F_{3_r}^3 = \sum_{r} \sum_{q} \sum_{m=1}^{4} \sum_{k=1}^{K} |a_{q,i_k,m} -$$

$$- a_{r,j_k,m}|\, F_{3_q}^2\, F_{3_r}^3 = \left(\sum_{m=1} \sum_{k=1} |a_{1,i_k,m} - a_{1,j_k,m}| \right) F_{3_1}^1\, F_{3_1}^3 +$$

$$+ \sum_{m=1} \sum_{k=1} |a_{1,i_k,m} - a_{2,j_k,m}|\, F_{3_1}^2\, F_{3_2}^3 = d(2a\text{xt}, a\text{xt})\, F_{3_1}^2\, F_{3_1}^3 +$$

$$+ d(2a\text{xt}, 2a\text{xt})\, F_{3_1}^2\, F_{3_2}^3 = [d(2, Kv) + d(a, a) + d(x, x) +$$

$$+ d(t, t)]\, F_{3_1}^2\, F_{3_1}^3 + [(2, 2) + (a, a) + d(x, x) + d(t, t)$$

$$F_{3_1}^1\, F_{3_2}^1 = (5+2+0+0)\,(3)\,(1) + (0+2+0+0)\,(3)\,(1) = 21+6 = 27$$

weiter $M_3 \displaystyle\sum_{r} \sum_{q} F_{3_q}^2\, F_{3_r}^3 = 4\ \{(3)\,(1) + (3)\,(1)\} = 24$, wovon

$$\bar{d}_3^{1,2} = 27/24 = 1{,}125.$$

[1] S. S. GERŠIĆ, *Mathematisch-statistische Untersuchungen* . . . , S. 221.

Wenn man nach Formel (7) durch alle Wörter summiert, bekommt man die mittlere phonetische Differenz zweier Idiolekte als:

$$\overline{d}^{i,j} = \frac{\sum\limits_{p} \sum\limits_{r=1} \sum\limits_{q=1} d(W^i_{p_q}, W^i_{p_r}) F^i_{p_q} F^j_{p_r}}{\sum\limits_{p} \sum\limits_{q} \sum\limits_{r} M_p F^i_{p_q} F^j_{p_r}}. \tag{8}$$

Wenn man alle Berechnungen durchgeführt hat, kann man für jedes Wort die ermittelten Werte übersichtlich in Form eines Vektors

$$C(\text{Wort}_1) = [\overline{d}^{1,2}_p, \overline{d}^{1,3}_p, \overline{d}^{2,3}_p, \overline{V}^1_p, \overline{V}^2_p, \overline{V}^3_p, \overline{V}_p]^{1)}$$

angeben. Dabei geben die ersten drei Werte die phonetische Differenz zwischen den Sprechern, die drei folgenden die Variabilität des Wortes bei den einzelnen Sprechern und der letzte die mittlere Variabilität des Wortes im Dialekt an. Hierfür folgt wieder ein Beispiel:

/va:r/ war
$[0{,}3467; 0{,}6719; 1{,}0118; 0{,}9321; 1{,}6982; 1{,}5992; 1{,}2732]^{2)}$

Für die Variabilität der einzelnen Sprecher bekommt man nach der Berechnung von Formel (5) die Werte:

$$\overline{V}^1 = 0{,}5625$$
$$\overline{V}^2 = 1{,}3069$$
$$\overline{V}^3 = 1{,}0508.$$

Für die Variabilität des Donauschwäbischen [Formel (6)] erhält man den Wert:

$$V(\text{Donauschwäbisch}) = 1{,}3458.$$

Für die mittlere phonetische Differenz zwischen den Sprechern ergeben sich nach Formel (8) die Werte:

$$\overline{d}^{1,2} = 0{,}9748$$
$$\overline{d}^{1,3} = 1{,}2733$$
$$\overline{d}^{2,3} = 2{,}5383.$$

5. Schlußfolgerungen

Diese Ergebnisse bestätigen den Eindruck, den man intuitiv beim Abhören der Aufnahmen und bei der Bestandsaufnahme des durch die Transkription gewonnenen Materials erhält, nämlich, daß die Mundarten von Kunbaja und Tscheb einander ziemlich ähnlich sind, obwohl die Variationsbreite beim ersten Sprecher ziemlich gering und beim 2. Sprecher recht groß ist, und daß die Mundart von Hodschag von den beiden ersten Mundarten stärker abweicht.

[1]) Diese Form des Vektors ist auf unsere Aufgabe zugeschnitten; bei Bedarf kann sie entsprechend abgewandelt werden.

[2]) Dies ist das 440. von 472 verglichenen Wörter, die bei S. GERŠIĆ, *Mathematisch-statistische Untersuchungen*, S. 221–250 abgedruckt sind.

Die Ergebnisse dieser Untersuchung zeigen, daß die verwendeten Methoden zur Lösung der gestellten Fragen geeignet sind, auch wenn für weitere Arbeiten auf diesem Gebiet noch etliche Schwierigkeiten zu überwinden sind. Eine der Schwierigkeiten besteht darin, daß die Vorbereitung eines so umfangreichen Materials (Transkriptionen, Kodierung nach Vektoren) derartig zeitraubend und aufwendig ist, daß man ein größeres Material nur dann wird aufarbeiten können, wenn es gelingt, diese Arbeitsgänge durch Einsatz von Maschinen zu vereinfachen, wie das bei den Berechnungen schon möglich ist.

Auch eine zweite Schwierigkeit, die als Aufgabe für die Zukunft verstanden werden soll, muß erwähnt werden, nämlich die, daß sich auf der Ebene einer rein artikulatorisch-phonetischen Beschreibung kein Weg zur Gewichtung der Dimensionen finden läßt. So ergibt sich z. B. als phonetische Differenz zwischen [p] und [pʰ] der Wert 3 und zwischen [p] und [t] der Wert 2. Sicherlich ist diese Disproportion ein Ärgernis, aber solange keine besseren Methoden gefunden wurden, kann man sie in Kauf nehmen, da bei Konstanthaltung aller Umstände die Vergleichbarkeit der Resultate verschiedener Idiolekte und Dialekte gesichert ist.

Die vorgeschlagenen Verfahren sind sowohl für phonetische als auch für phonologische Untersuchungen geeignet. Außer für dialektologische Untersuchungen können sie auch für Vergleiche verschiedener Sprachen und verschiedener historischer Entwicklungszustände von Sprachen verwendet werden.

Literaturverzeichnis[1])

G. ALTMANN, Differences between Phonemes, Phonetica 19, 1969, S. 118–132.

S. GERŠIĆ, Mathematisch-statistische Untersuchungen zur phonetischen Variabilität am Beispiel von Mundartaufnahmen aus der Batschka, Göppinger Akademische Beiträge Band 14, Göppingen 1970.

S. GERŠIĆ, HODSCHAG/BATSCHKA, Festschrift für E. Zwirner, im Druck.

J. E. GRIMES, E. B. AGARD, Linguistic Divergence in Romance, Language 35, 1959, S. 596–604.

G. HAMMARSTRÖM, Zur soziolektalen und dialektalen Funktion der Sprache, Zeitschrift für Mundartforschung 34, 1967, S. 205–216.

C. F. HOCKETT, Language, Mathematics and Linguistics, The Hague, 1967.

G. E. PETERSON, F. HARARY, Foundation of Phonemic Theory, Proceedings of Symposia in Applied Mathematics 12, 1961, S. 139–165.

K. L. PIKE, Phonetics, Ann Arbor, 1943.

H. RICHTER, Anleitung zur auditiv-phänomenalen Beurteilung sprachlicher Äußerungen, Gesprochene Sprache, Forschungsberichte 7, 1966, S. 11–21.

F. SIXTL, Meßmethoden der Psychologie, Weinheim, 1967.

[1]) Das Literaturverzeichnis enthält nur die unmittelbar in dieser Arbeit zitierten Autoren; im Literaturverzeichnis meiner Arbeit „Mathematisch-statistische Untersuchungen . . . " findet sich zu allen angeschnittenen Problemen weitere Literatur.

Zur Problematik einer syntagmatisch-phonologischen Sprachklassifikation

von Alexander Kleinlogel und Werner Lehfeldt

Das Ziel typologischer Sprachuntersuchungen auf phonologischer Ebene ist in der Regel ein Vergleich oder eine Klassifikation der für die Analyse herangezogenen phonologischen Systeme, genauer gesagt, der Inventare phonologischer Einheiten bzw. der zwischen ihnen bestehenden paradigmatischen Relationen. Diese Feststellung trifft vor allem auf die Mehrzahl der bisher vorliegenden Arbeiten über die Typologie der slavischen Sprachen zu, auf die wir uns deshalb bei der Erläuterung der grundsätzlichen Fragen in erster Linie beziehen werden, auch wenn es sich sehr bald zeigen wird, daß die Gemeinsamkeit auf die genannte Zielsetzung beschränkt bleibt, während in den Ansätzen und Methoden zum Teil erhebliche Unterschiede bestehen.

An erster Stelle ist der Versuch A. ISAČENKOS zu nennen, die slavischen Sprachen nach Maßgabe des Verhältnisses von Vokal- und Konsonantenphonemen innerhalb ihrer phonologischen Systeme auf eine vokalische und eine konsonantische Klasse zu verteilen bzw. sie einem dritten Typ zuzuordnen, der zwischen den beiden Extremen liegt.[1] Von diesem Kriterium aus gelangt ISAČENKO natürlich zu einer wesentlich anderen Einteilung als etwa eine Klassifikation, die sich auf die Untersuchung der Häufigkeitsverteilung von Vokalen und Konsonanten in der Sprachverwendung stützt. So hat J. KRÁMSKÝ nachgewiesen[2], daß beispielsweise die Frequenz der Vokale in tschechischen, slovakischen und russischen Texten im Verhältnis deutlich niedriger liegt, als es ihrem Anteil an den zugehörigen Phoneminventaren entspricht. Diese Divergenz der Ergebnisse, wie sie sich aus der Untersuchung eines Inventars auf der einen und seiner Realisierung im Text auf der anderen Seite ergibt, verdient vorweggenommen auch deshalb besondere Beachtung, weil wir vermuten, daß eine ähnliche Divergenz zwischen den Resultaten der in dieser Arbeit unternommenen kategorialen Untersuchung über biphonematische Verbindungen und denen einer entsprechenden frequenzorientierten Analyse (die erst noch durchzuführen ist) zu beobachten sein wird.

Anders als ISAČENKO vergleicht E. STANKIEWICZ die phonologischen Systeme der slavischen Sprachen nicht global als ganze, sondern charakterisiert sie an Hand der distinktiven Merkmale, die in diesen Systemen, sei es generell oder nur vereinzelt, realisiert werden, sowie auf Grund der Kombinationen und der strukturellen Ausnutzung der distinktiven Merkmale.[3]

Ein weiterer Gesichtspunkt kommt hinzu, wenn man mit I. I. REVZIN[4] berücksichtigt, daß „eine erschöpfende Beschreibung eines Zeichensystems die Aufzählung aller in ihm vorhandenen syntagmatischen und paradigmatischen Relationen" voraussetzt. Auf die Klassifikation phonologischer Systeme bezogen folgt daraus, daß man die Sprachen auch unter dem Aspekt zu vergleichen hat, wie sich die Elemente ihrer Phoneminventare zu größeren Einheiten zusammenfügen, mit anderen Worten unter dem Aspekt der Distribution der phonologischen Einheiten.[5] Da bisher phonologische Klassifikationen vorwiegend paradigmatisch orientiert waren, werden wir uns im folgenden mit den Problemen einer syntagmatisch ausgerichteten phonologischen Klassifikation beschäftigen, teils um der Forderung REVZINS nach dem Komplement zur paradigmatischen Betrachtungsweise wenigstens im Ansatz Genüge zu leisten, teils aber auch in der Erwartung, von den Ergebnissen unserer Untersuchungen aus zu den Voraussetzungen für weiterreichende linguistische Fragestellungen vorzudringen und unter Umständen ihre Lösung mit vorzubereiten.

Das Merkmal, an Hand dessen wir hier eine Anzahl von Sprachen vergleichen werden, ist die Distribution der Phoneme. Der Vergleich selbst wird mit Hilfe eines nachher noch genauer erläuterten Formalismus durchgeführt, und als Ergebnis dieses Vergleichs werden die Sprachen bestimmten Klassen zugewiesen. Damit sind die Sprachen aber nicht in einem umfassenden Sinne charakterisiert, sondern einzig und allein unter dem Gesichtspunkt dieses einen Merkmals klassifiziert, eine Einschränkung, die nicht nur im Rahmen unserer Untersuchungen von weitreichender Bedeutung ist und es als angebracht erscheinen lassen könnte, anstatt von einer Sprachklassifikation von einer Sprachmerkmalsklassifikation zu sprechen. Die Sprachen, die dann hinsichtlich des von uns berücksichtigten Merkmals in eine Klasse fallen, weisen untereinander, was den Grad der Verbindungsfähigkeit ihrer Phoneme anbelangt, eine größere Verwandtschaft auf, d. h., eine jede von ihnen steht jeder anderen Sprache derselben Klasse im Rahmen bestimmter statistischer Kriterien näher als irgendeiner Sprache aus einer anderen Klasse.[6]

Dieses Verfahren läßt nun begreiflicherweise eine praktisch unübersehbare Anzahl analoger Sprachklassifikationen zu, da die Menge der Merkmale, die man der Untersuchung zugrundelegen kann, so gut wie unbegrenzt ist. Da weiterhin bei jeder derartigen Klassifikation die Menge der herangezogenen Sprachen in disjunkte Klassen zerlegt wird, aus dieser Zerlegung aber nur Informationen über den Ähnlichkeitsgrad der Sprache bezüglich des zugrundegelegten Merkmals abzuleiten sind, wird man auf diese Weise kaum zu umfassenderen Klassifikationen gelangen; denn eine solche setzt voraus, daß eine Vielzahl von Merkmalen mit in die Betrachtung eingeht. Wir dürfen deshalb die Sprachklassifikation nach singulären Merkmalen nicht um ihrer selbst willen betreiben, sondern müssen sie als Voraussetzung einer umfassenderen Analyse, letzten Endes einer Sprachtypologie ansehen. Sie sind in diesem Sinne sogar eine unerläßliche Vorbereitungsphase und können im Grunde nicht breit genug angelegt sein. Schließlich ist es weder aprioristisch ableitbar noch im vorhinein erkennbar, welche Merkmale sich in der späteren Phase der sprachtypologischen Analyse als relevant oder irrelevant erweisen werden, besonders dann, wenn man damit rechnen kann, daß die Merkmale miteinander korreliert sind und aus der Kenntnis der Struktur des einen auf die Struktur des anderen Rückschlüsse zu ziehen sind. Auf dieser Basis würde sich eine Sprachtypologie ganz wesentlich von jeder bloßen Klassifikation unterscheiden, selbst wenn diese sich auf mehr als ein Merkmal stützen würde.

Die vorliegende Arbeit versucht, wenigstens ansatzweise diese Vorstellungen über Form und Zielsetzung einer Sprachtypologie zu verwirklichen. Bei der Erörterung der Frage, von welchem Erwartungswert für die Zahl der Phoneminteraktionen einer Sprache auszugehen ist, zeigt es sich, daß man den Bereich, innerhalb dessen dieser Wert liegen soll, mit einer gewissen Sicherheit vorausbestimmen kann, wenn man von der Zahl der Phoneme und

der Zahl der Vokale in einer Sprache als den unabhängigen Variablen ausgeht. Ein solches
Resultat ließe nach den Überlegungen von vorhin die Interpretation zu, daß die Merkmale
„Phonemzahl" und „Zahl der Vokale" „relevanter" sind als das Merkmal „Zahl der verwirklichten Interaktionen", da diese Größe in statistisch signifikanter Weise mit den beiden an-
dern genannten korreliert ist. Doch gehen wir vor diesem Nachweis zunächst zu den Voraussetzungen für die Lösung unseres Problems über.

Einige dieser Voraussetzungen stehen in keinem unmittelbaren Zusammenhang mit
der klassifikatorischen Fragestellung selbst. So sollten zunächst all jene Probleme gelöst
sein, die bei der Beschreibung der Phonemdistribution innerhalb einer Sprache auftreten,
also auch das Problem der paradigmatischen Relationen. Ferner hängt nicht wenig von einer Klärung der Fragen ab, die sich einstellen, sobald unterschiedliche phonologische Systeme miteinander verglichen werden und dabei sichergestellt sein muß, daß die verglichenen
Systeme auch wirklich kommensurabel sind.[7] Schließlich bedarf es einer Methode, mit
deren Hilfe der Vergleich dieser als vergleichbar ermittelten Größen durchgeführt werden
kann. Die angesprochenen Fragen sind interdependent, und bei der Behandlung einer jeden
von ihnen muß deutlich werden, welche Konsequenzen sich aus der jeweils vorgeschlagenen
Lösung für mögliche Lösungsansätze bei den übrigen Fragen ergeben.

Für eine Klassifikation der distributionellen Phonemrelationen ist prinzipiell voraus-
zusetzen, daß in allen verglichenen Systemen die Analyse und die Identifikation der Phoneme nach einer und derselben Methode erfolgt, will man vermeiden, daß inkommensurable
Größen zueinander in Beziehung gesetzt werden. Diese Forderung wäre beispielsweise erfüllt, wenn alle Phoneme der in die Betrachtung einbezogenen Sprachen als Bündel simul-
taner distinktiver Merkmale identifiziert würden.

Von weitreichender Bedeutung ist ferner die Bestimmung einer höheren sprachlichen
Einheit, innerhalb derer die Phonemkombinationen untersucht bzw. die Phoneme nach
ihren jeweiligen distributionellen Eigenschaften klassifiziert werden sollen, zumal es keines
besonderen Hinweises bedarf, daß in verschiedenen Einheiten und in verschiedenen Positionen ungleichartige Phonemkombinationen zugelassen sein können.[8]

TRUBETZKOY beruft sich bei der Auswahl dieser höheren Einheit als Kriterium auf
deren „Zweckmäßigkeit" für die Beschreibung der Kombinationsregeln: „Die erste Aufgabe
jeder Kombinationslehre besteht eben in der Bestimmung jener phonologischen Einheit, in
deren Rahmen sich die Kombinationsregeln am zweckmäßigsten untersuchen lassen."[9]
Die Rahmeneinheit kann demnach von Sprache zu Sprache eine andere sein, je nachdem,
welche sich gerade als die „zweckmäßigste" anbietet. Im Deutschen habe, so TRUBETZKOY,
das Morphem den Rahmen für die Untersuchung abzugeben, denn seine phonematische
Struktur sei „ziemlich klar" und unterliege ganz bestimmten Kombinationsregeln, im Gegensatz zum Inlaut des deutschen Wortes, für welchen sich irgendwelche Kombinationsregeln nur mit großer Mühe aufstellen ließen.[10]

Man fragt sich natürlich sofort, ob dieser von überwiegend subjektiven Schwierigkeiten bestimmte Gesichtspunkt ein objektives Kriterium für die richtige Auswahl der Rahmeneinheit liefern kann, wie es überhaupt zweifelhaft erscheint, ob man in sinnvoller Weise von der Zweckmäßigkeit irgendeiner höheren Einheit für die Untersuchung der Kombinationsregeln schlechthin sprechen kann. Wenn in verschiedenen höheren Einheiten jedes-

mal andere (oder zumindest teilweise andere) Kombinationsregeln gelten, so müssen diese eben alle untersucht werden, und man wird bestenfalls bei Sprachen, die auf sämtlichen Ebenen die gleichen Kombinationsschemata verwirklichen, eine bestimmte (vermutlich die relativ kleinste) Einheit als die zweckmäßigste ansehen dürfen.

In der vorliegenden Arbeit ist die Frage nach der Zweckmäßigkeit anders gefaßt. Sobald nämlich feststeht, daß man nach Möglichkeit alle Einheiten unter dem Gesichtspunkt ihrer phonologischen Struktur beschreiben sollte, ergibt sich fast zwangsläufig die Notwendigkeit, mit der Untersuchung bei derjenigen Einheit einzusetzen, in deren Rahmen die meisten Kombinationen realisiert werden, wobei zunächst eine weitere Differenzierung der innerhalb dieser Einheit feststellbaren Phonemkombinationen nach ihrer Position (Anfang, Mitte, Ende, evtl. Morphemfuge, Silbe usw.) unterbleiben kann. Anders ausgedrückt, werden zunächst nur Erhebungen darüber angestellt, welche Phoneme überhaupt auftreten sowie in welcher Reihenfolge und in welcher Anzahl sie miteinander kombiniert werden.[11] Auf diesem Weg stellt die vorliegende Arbeit nur einen ersten Schritt dar. Wir untersuchen zwar Phonemanordnungen (d. h. die distributionellen Eigenschaften der phonologischen Einheiten) innerhalb der phonologischen Worteinheit, in deren Rahmen die meisten Kombinationen tatsächlich auftreten; wir sehen aber dabei von solchen Phonemfolgen ab, die nur in der Wortfuge vorkommen, wobei wir uns auf die Beschreibung der biphonematischen Gruppen beschränken, da ihre Erforschung derjenigen komplexerer Gruppen unter allen Umständen voranzugehen hat.

Sind auf diese Weise alle überhaupt möglichen Phonemkombinationen vollständig erfaßt und beschrieben, dann kann man sich der Frage zuwenden, welche Kombinationen in anderen Einheiten und in welchen Positionen sie dort auftreten. Die Zahl der dabei feststellbaren Phonemfolgen wird zumeist kleiner, höchstens jedoch gleich der Zahl der überhaupt möglichen Kombinationen sein. Mit Hilfe des Formalismus, den wir gewählt haben, kann man danach die Unterschiede zwischen den Phonemkombinationen in verschiedenen Positionen und in Bezug auf die Menge der insgesamt realisierten Kombinationen numerisch ausdrücken und vergleichenden Verfahren zugänglich machen.

Wenn so die Voraussetzungen für eine syntagmatische Klassifikation auf der phonologischen Ebene geschaffen sind, kann man zu den Problemen des Vergleichs im engeren Sinne übergehen. Dieser Vergleich läßt sich von verschiedenen Ansätzen aus durchführen. TRUBETZKOY und andere Vertreter der Prager Schule (TRNKA und MATHESIUS u. a.) haben sich vornehmlich mit den Bedingungen und den Beschränkungen befaßt, denen die Phoneme unterworfen sind, die miteinander Kombinationen eingehen, und dabei vor allem zu ermitteln versucht, ob es unter diesen Bedingungen universal gültige gebe. TRUBETZKOY kritisiert zwar in diesem Zusammenhang TRNKA, der seiner Ansicht nach den Bereich der universal gültigen Bedingungen zu weit gefaßt hat, und erkennt seinerseits nur zwei Gruppen von „universal unzulässigen" Phonemverbindungen an, die induktiv gefunden worden sind,[12] vertritt aber im übrigen genau wie TRNKA die Meinung, miteinander kombinierte Phoneme müßten einen gewissen Minimalunterschied aufweisen, der aber genauso wie die anderen Bedingungen für jede Sprache gesondert zu eruieren sei. Wo indessen TRUBETZKOY von einem minimalen Unterschied und von Kombinationsrestriktionen spricht, wird beides in den Termini der phonologischen Merkmale formuliert, etwa mit dem Postulat, daß mit-

einander kombinierte Phoneme sich in jeweils zu bestimmender Weise hinsichtlich der in
ihnen enthaltenen phonologischen Merkmale unterscheiden müßten.

Diese Fragestellung interessiert nun in unserem Zusammenhang nicht unmittelbar.
Anders als TRUBETZKOY gehen wir von den Phonemen als diskreten Größen aus und beschreiben dementsprechend die distributionellen Eigenschaften diskreter Einheiten. Ein
solches Verfahren bringt natürlich eine gewisse Vereinfachung mit sich, weil bestimmte
Aspekte der untersuchten Objekte vernachlässigt werden; gefragt ist nur nach den distributionellen Eigenschaften, nicht aber nach ihren Bedingungen. Es zeigt sich jedoch, daß
diese Vereinfachung nur scheinbarer Natur ist, denn mit ihrer Hilfe wird lediglich vermie-
den, die Aufstellung distributioneller Gesetzmäßigkeiten mit der Erforschung der diesen
Gesetzmäßigkeiten zugrundeliegenden sprachlichen Bedingungen zu vermischen. Natürlich
wird man auch der Frage nachgehen müssen, was im Hintergrund der jeweils beobachteten
distributionellen Eigenschaften steht, doch handelt es sich dabei schon um einen weiter-
führenden Ansatz, der sich zudem methodisch von den hier zur Diskussion gestellten Untersuchungen unterscheidet.

Um wie in unserem Falle mehrere Regelsysteme der Phonemdistribution miteinander
vergleichen zu können, wählen wir ein formales Modell, zu welchem sich die untersuchten
Systeme in eine umkehrbar eindeutige Beziehung bringen lassen und welches geeignet ist,
die syntagmatischen Zusammenhänge zwischen den Phonemen zu beschreiben und numerisch zu erfassen. Als erste haben F. HARARY und H. H. PAPER[13] eine solche Algebrai-
sierung vorgeschlagen, für die G. ALTMANN[14] noch weitere linguistische Anwendungs-
möglichkeiten aufgewiesen hat. Der Kalkül geht aus von der Menge P der Phoneme einer
gegebenen Sprache und definiert eine Reihe von zweistelligen Relationen als Teilmengen
des cartesischen Produktes $P \times P$, von denen die wichtigste (und zugleich einfachste) die
alle Interaktionen umfassende Teilmenge R ist: $(x,y) \epsilon R$ genau dann, wenn das Phonem
y als Nachfolger des Phonems x vorkommt. Von diesen Untermengen aus definieren HARARY
und PAPER weiterhin Maßzahlen, die numerische Aussagen über die von den Relationen
erfaßten Eigenschaften (Symmetrie, Reflexivität usw.) der betrachteten Sprachen machen
und teils auf die gesamte Sprache (Totalmaße), teils auf die Zahl der verwirklichten Interaktionen (sprachinterne Maße) bezogen werden. In jedem Fall erfolgt dadurch eine Abbil-
dung der Maße auf das Einheitsintervall, so daß nichts näher liegt, als diese Maße für kom-
paratistische Zwecke auszunutzen.

Konkret käme hierfür in erster Linie dasjenige Maß in Betracht, das am unmittelbar-
sten Auskunft darüber gibt, in welchem Umfang die in einer Sprache überhaupt denkbaren
Phonemkombinationen realisiert sind. Bei HARARY und PAPER ist dieses „Maß der tota-
len Assoziativität" den obigen Überlegungen entsprechend definiert durch $|R|/|P|^2$. (Da
wir es im folgenden nur noch mit den Kardinalzahlen der Mengen zu tun haben, werden
wir zur Vereinfachung des Druckbildes die Striche weglassen und die Mengensymbole selbst
dafür verwenden). Wenn wir nun bei der Klassifikation einen anderen Weg einschlagen und
sie für die Assoziativität nicht einfach an Hand des HARARY-PAPERschen Maßes durchführen, so hat das verschiedene Gründe. Der entscheidende ist dabei folgender: Das HARARY-
PAPERsche Maß wäre nur dann wirklich sinnvoll zu verwenden, wenn es über den Grad von
Assoziativität eine absolute Aussage machte und es deshalb genügen würde, innerhalb des

Einheitsintervalls, auf das die assoziativen Maße durch den Faktor $1/P^2$ transformiert sind, in geeigneter Weise Teilintervalle abzugrenzen und alle Sprachen, deren Maße ins gleiche Teilintervall fallen, zu einer Klasse zusammenzufassen. Ein solches Verfahren müßte jedoch voraussetzen, daß die Assoziativität proportional zum Quadrat der Länge des Phoneminventars wächst und damit der zu erwartende Wert bei der Transformation auf das Einheitsintervall für alle Sprachen zu einer Konstanten wird. Wie sich indessen nachher zeigen wird, ist diese Voraussetzung nicht erfüllt, und statt nun auch die Erwartungswerte ihrerseits zu transformieren und die statistischen Tests mit den transformierten Größen durchzuführen, gehen wir von den Interaktionszahlen R selbst aus, schätzen in geeigneter Weise den Erwartungswert ab und testen danach als Nullhypothese, ob die Abweichung der beobachteten Werte von den theoretisch durch den Erwartungswert gegebenen lediglich zufallsbedingt sind oder nicht. Dabei nützen wir aber die durch das HARARY-PAPERsche Modell gebotenen Möglichkeiten der klassifikatorischen Charakterisierung nicht nur von Phonemen und Phonemklassen, sondern von ganzen Sprachen nicht weniger aus, als wenn wir die daraus abgeleiteten, aber nur in bestimmten Relationen sinnvollen Maße zugrundegelegt hätten.

Die Auswahl der Sprachen (Nachweis über das Quellenmaterial im Anhang), an denen das Klassifikationsverfahren expliziert werden soll, erfolgte verhältnismäßig willkürlich. Ausschlaggebend war in allen Fällen, ob an anderer Stelle bereits, in deskriptiver oder tabellarischer Form, Informationen über die Interaktionen vorlagen. Diese Willkür bei der Auswahl läßt sich jedoch allein schon mit dem Hinweis rechtfertigen, daß sowohl der Distributionskalkül von HARARY-PAPER als auch das aus ihm abgeleitete klassifikatorische Verfahren den Anspruch erheben kann, auf alle Sprachen anwendbar zu sein, und die dabei zu erwartende Variationsbreite gerade für Demonstrationszwecke nicht unwillkommen ist.

Wir müssen allerdings einräumen, daß bei der Übernahme vorhandener Interaktionstabellen das oben formulierte Prinzip, die Phoneme aller miteinander verglichenen Systeme müßten mit Hilfe einer und derselben Methode analysiert und identifiziert worden sein, unter Umständen verletzt wurde, weil die Arbeiten, aus denen wir die Tabellen bezogen, häufig keine Angaben über die Methode machten, die zur Identifikation der Phoneme führte. Andererseits wäre die Neubeschaffung von Daten nach Maßgabe unseres Postulats mit einem außerordentlich großen Zeitaufwand verbunden gewesen, so daß wir es mit der hier verfolgten Absicht, in erster Linie eine Methode des klassifikatorischen Vergleichs vorzustellen, für vereinbar hielten, von unserem Prinzip abzuweichen und alle Tabellen so zu behandeln, als ob sie ihm gerecht würden.[15]

Die Phoneme der slavischen Sprachen, für die wir uns die Interaktionstabellen selbst beschafft haben (Polnisch, Makedonisch, Serbokroatisch, Altkirchenslavisch), wurden nach distinctive features (JAKOBSON) identifiziert,[16] mit der Vereinfachung beim Vokalsystem des Serbokroatischen, daß die Akzent- und die Quantitätsunterschiede für die Feststellung der Interaktionen keine Berücksichtigung fanden. Dagegen wurden außer den eingangs erwähnten allgemeinen Grundsätzen einige spezielle befolgt, die K. BUZÁSSYOVÁ bei der Bearbeitung des Slovakischen aufgestellt hat: " . . . We did not consider their/ d. h. der Wörter/ morphematic division. We excluded only prefixes as these are easier to isolate than suffixes (either derivative or flexional), the fusion with the root or the stem is not so complete as in suffixes and most of them function also as independent words — prepositions.

... We want to find a basic register of all two-place clusters of phonemes without regard to the position in which they occur."[17] Im Gegensatz zu BUZÁSSYOVÁ aber und den meisten anderen Autoren, die auf den Distributionskalkül zurückgegriffen haben, wurde 'juncture' (#) von uns nicht berücksichtigt, da die Interaktionen mit # als Vorder- oder als Hinterglied stets an bestimmte funktionale Positionen gebunden sind, von denen gerade abgesehen werden sollte. Daraus ergab sich die Notwendigkeit, bei juncture enthaltenden Interaktionstabellen die entsprechenden Zeilen und Spalten zu tilgen und die Zählungen entsprechend anzupassen. Wie bei BUZÁSSYOVÁ wurden dagegen in den Kalkül auch solche Phonemgruppen miteinbezogen, die nur in Fremdwörtern vorkommen, sofern diese in der betreffenden Sprache als integriert anzusehen waren.[18]

Für die statistische Auswertung betrachten wir die biphonematischen Verbindungen als unabhängige Bernoulli-Experimente mit zwei möglichen Ergebnissen (Auftreten und Nichtauftreten der Interaktion) und können damit R selbst bei konstantem P als binomial verteilte und, da R groß genug ist, sogar als asymptotisch normalverteilte Zufallsgröße behandeln. Den Erwartungswert bestimmen wir in Abhängigkeit vom Phoneminventar und stellen dafür zwei Ansätze zur Diskussion.

Der erste geht von einem Vorschlag von G. ALTMANN aus, [19] für den Erwartungswert das arithmetische Mittel des Maximums und des Minimums der möglichen Interaktionen zugrundezulegen. Das Minimum ist dabei durch den Sprachtyp vertreten, der keinerlei cluster-Bildungen, sondern nur Verbindungen aus Konsonanten und Vokalen und umgekehrt (transitions) zuläßt. Setzt man das Minimum dementsprechend mit $2CV$ (C die Zahl der Konsonanten, V die der Vokale) und das Maximum mit P^2 an, so erhält man Erwartungswerte, die offensichtlich zu groß ausfallen und die Mehrzahl der Sprachen in die Rubrik der nichtassoziativen einreihen. Diese Schwäche des genannten Ansatzes ist am plausibelsten damit zu erklären, daß auch bei den Sprachen des clustervermeidenden Typs die Interaktionszahl $2CV$ eine obere Grenze darstellt und dieser Wert nur ausnahmsweise angenommen wird, bei der Bildung des Erwartungswertes also sicher einen zu großen Betrag miteinbringt. Der notwendige Ausgleich ist durch eine Reduzierung des zweiten Summanden P^2 zu erreichen, die sich nicht nur durch die Überlegung empfiehlt, daß mit dem Supremum der minimalen Werte nicht auch das Supremum der möglichen Maxima, welches P^2 ja darstellt, in die Berechnung eingehen sollte. Ein konkreter Grund ist der folgende: Für die Mehrzahl der betrachteten Sprachen gilt, daß zumindest bei den Konsonanten innerhalb der Phonemklassen (z. B. der Labiale, der Dentale usw.) zwar die Geminaten, nicht aber die übrigen Zweierverbindungen verwirklicht werden, in der Matrix der Phonemkombinationen demnach in den Nebendiagonalen pro Spalte wenigstens einmal eine Leerstelle erscheint. Da in der Regel auch bei den Vokalen nicht alle Verbindungen als realisierbar anzusehen sind, ist es in jedem Fall gerechtfertigt, von P^2 zum Ausgleich ein lineares Korrekturglied von der Größenordnung mindestens des einfachen, besser noch des doppelten bis vierfachen Umfangs des Phoneminventars, d. h. P ($2P$, $4P$) abzuziehen und statt von P^2 etwa von $(P-1)^2$ oder $(P-2)^2$ auszugehen. Damit tritt neben dem Supremum der Minimalwerte zwar nicht das Infimum der Maximalwerte, wohl aber ein reduziertes Maximum auf, und man erhält als Erwartungswert $E_1(R) = 0{,}5((P-1)^2 + 2CV)$ bzw. $0{,}5((P-2)^2 + 2CV)$.

Diesem unabhängig von den Daten der betrachteten Sprachen abgeleiteten Erwartungswert stellen wir einen zweiten gegenüber, der sich in stärkerem Maße an diesen orientiert. Um für die vermutete Abhängigkeit der Interaktionszahl vom Phonembestand die bestangepaßte Trendkurve zu ermitteln, wurde zunächst in einem umfangreichen Analyseprogramm untersucht, welcher der gängigen Kurventypen (Polynome, einfache und modifizierte Exponentialkurven) für eine Anpassung überhaupt geeignet war.[20] Bereits an dieser Stelle trat deutlich zutage, daß es sich um eine Abhängigkeit vorwiegend linearen Charakters handeln mußte, da keine der nichtlinearen Kurven den Testbedingungen gerecht wurde.[21] Andererseits ließ eine rein intuitive Beurteilung des Befundes bereits vermuten, daß eine höhere Assoziativität vorliegt, sobald der Anteil der Vokale am Phonembestand größer ausfällt. (Bei $E_1(R)$ war dies durch das Glied $2CV$ gleichfalls in hohem Maße berücksichtigt.) Bestätigt wurde diese Vermutung zu einem gewissen Grad durch die für P und V als unabhängige Variablen ermittelte Regressionsebene, die eine beachtlich niedrigere Summe der Abweichungsquadrate lieferte als die übrigen Regressionskurven. In der dabei ermittelten Form[22] war sie freilich kaum unverändert zu übernehmen, da bei ihr mit erheblichen Einflüssen der extremalen Typen unter den untersuchten Sprachen gerechnet werden mußte. Bei der Regressionsebene ergab sich für den partiellen Regressionskoeffizienten b_1 von P bei einer Standardabweichung von $3{,}88$ das Konfidenzintervall[23] $21{,}0 \leqslant b_1 \leqslant 37{,}8$ für den Koeffizienten b_2 von V das Konfidenzintervall $9{,}8 \leqslant b_2 \leqslant 35{,}4$, dabei für beide trotz der auch in der Breite der Konfidenzintervalle zum Ausdruck kommenden Streuung eine signifikante Abweichung von Null ($t_0 = 7{,}45$ für b_1, $t_0 = 3{,}6$ für b_2 bei einem kritischen Wert $c = 2{,}04$ des zweiseitigen t-Testes mit $\alpha = 0{,}05$), so daß die Annahme eines Zusammenhangs der geschilderten Art vollauf gerechtfertigt wurde. Auch bei Regressionsanalysen mit verschieden ausgewählten Teilgruppen lagen die ermittelten Werte erstaunlich dicht bei den oben angeführten, wobei es offenkundig war, daß sich der Koeffizient von P um einen mittleren Wert der Phonemzahlen bewegte, während der von V etwa das Doppelte des beobachteten Durchschnittes der Vokalzahlen betrug. Es lag also nahe, diese (nunmehr unabhängig von der zufällig betrachteten Auswahl von Sprachen angesetzten) Durchschnittswerte auch als Koeffizienten einzusetzen und so von einem Ansatz $R - \widetilde{R} = \widetilde{P}(P - \widetilde{P}) + \widetilde{V}(2V - \widetilde{V})$ mit $\widetilde{P} = 33$, $\widetilde{V} = 8$, $\widetilde{R} = 635$ zu $E_2(R) = 33\,P + 16\,V - 518$ zu gelangen. Die genannten Durchschnittswerte haben sich im Laufe der Untersuchung auch beim Hinzukommen neuer Sprachen als relativ konstant und der Erwartungswert auch größeren Schwankungen gegenüber als ziemlich unempfindlich erwiesen.[24]

An Hand dieser beiden Erwartungswerte wurden nun die beobachteten Werte mit Hilfe des χ^2-Tests für $\alpha = 0{,}05$ auf signifikante Abweichung getestet und die betreffende Sprache bei Testwerten unter $3{,}84$ als „semiassoziativ" (s) und bei Werten über $3{,}84$ je nachdem, ob die Zahl der Interaktionen oberhalb oder unterhalb des Erwartungswertes lagen, als „assoziativ" (a) bzw. „nichtassoziativ" (n) eingestuft (siehe Tabelle 1).

Die Klassifikationen weichen nicht allzuweit voneinander ab, was nicht zuletzt daran liegen dürfte, daß $P\widetilde{P}$ vermindert um das konstante Glied durch $0{,}5\,(P{-}2)^2$ verhältnismäßig gut approximiert wird, wenn P in der Nähe von $\widetilde{P}$ liegt. Hier könnte eine Erweiterung des untersuchten Materials zu einem höheren Grad von Sicherheit führen und unter Umständen eine stärker differenzierte Klassifikation ermöglichen als die hier entwickelte, die über diese

Tabelle 1: Assoziative Klassifikation von 32 Sprachen

Sprache	P	V	R	$E_1(R)$	$\chi^2_{0,05;1}$		$E_2(R)$	$\chi^2_{0,05;1}$	
Hethitisch	21	4	233	239,0	0,151	s	248,5	0,967	s
Spanisch (CR)	23	5	290	321,0	2,994	s	310,5	1,353	s
Neuisländisch	23	6	325	337,0	0,427	s	322,5	0,019	s
Guarani	24	6	244	370,0	42,908	n	350,0	32,103	n
Ayacucho Quechua	25	5	379	387,0	0,165	s	364,5	0,577	s
Baskisch (Maya)	26	5	277	420,0	48,688	n	393,0	34,239	n
Griechisch B	26	5	378	420,0	4,200	n	393,0	0,573	s
Attisch	27	12	550	565,0	0,398	s	492,5	6,713	a
Totonako	27	12	562	565,0	0,016	s	492,5	9,808	a
Altjapanisch	28	5	294	486,0	75,852	n	453,0	55,808	n
Indonesisch	29	6	459	535,0	0,796	n	502,5	3,766	s
Neujapanisch	30	5	328	552,0	90,899	n	517,0	69,093	n
Serbokroatisch	31	6	690	601,0	13,180	a	570,5	25,031	a
Maharaṣṭi	32	5	300	618,0	163,631	n	585,0	138,846	n
Šauraseni	32	5	305	618,0	158,526	n	585,0	134,017	n
Mahadhi	32	5	318	618,0	145,631	n	585,0	121,862	n
Makedonisch	32	6	618	634,0	0,404	s	606,0	0,238	s
Amer. Englisch	32	8	661	666,0	0,038	s	642,0	0,562	s
Pāli	33	5	335	651,0	153,389	n	620,5	131,362	n
Sirionó	33	14	580	795,0	58,145	n	746,5	37,136	n
Altkirchenslavisch	34	11	540	780,0	73,846	n	765,0	66,176	n
Sarakatšan	35	5	483	717,0	76,368	n	694,5	64,409	n
Ungarisch	37	14	922	927,0	0,027	s	934,5	0,167	s
Arumunisch	38	7	627	848,0	57,596	n	865,0	65,484	n
Arabisch (Zypern)	38	10	736	896,0	28,571	n	928,0	39,724	n
Ukrainisch 2	38	6	826	832,0	0,043	s	840,0	0,233	s
Russisch	39	5	908	849,0	4,100	a	854,5	3,350	s
Polnisch	40	5	920	882,0	1,637	s	897,0	0,590	s
Sanskrit	41	10	853	995,0	20,265	n	1070,5	44,191	n
Saʕi:di	43	20	1267	1221,0	1,733	s	1300,5	0,863	s
Ukrainisch 1	43	6	867	997,0	16,951	n	1062,5	35,972	n
Slovakisch	46	17	1066	1272,0	33,362	n	1461,0	106,793	n

verhältnismäßig grobe Aufteilung kaum hinauskommen wird. Daß die Fragestellung als Ganzes auf eine andere Basis zu stellen ist, soll zum Abschluß wenigstens noch andeutungsweise begründet werden.

Die Verläßlichkeit unserer Ergebnisse mag dadurch etwas beeinträchtigt sein, daß trotz allen Bemühens um Vollständigkeit bei der Bestandsaufnahme vereinzelt Interaktionen nicht erfaßt wurden und sich dieser Mangel, wenn auch nur in Grenzfällen, auf die

Klassifizierung ausgewirkt haben kann. Die entscheidende Schwäche des Distributionskalküls liegt dagegen wohl weniger in der möglichen Beeinflussung des Endergebnisses durch eine einzelne übersehene Interaktion als vielmehr darin, daß der Grad der Ausnutzung einer Phonemkombination in der Sprachverwendung völlig unberücksichtigt bleibt. Damit werden die eingangs erwähnten Parallelen zwischen ISAČENKOS Ansatz und dem Distributionskalkül auf der einen Seite und KRÁMSKÝS Beobachtungen und einer analogen Häufigkeitsanalyse biphonematischer Verbindungen auf der anderen Seite erneut sichtbar und nötigen vor allem zu der Schlußfolgerung, daß die nivellierende kategoriale Methode dringend einer Ergänzung durch Frequenzanalysen bedarf.[25]

Anmerkungen

[1] ISAČENKO, A. V.: Versuch einer Typologie der slavischen Sprachen, Linguistica Slovaca I/II, 1939−40, S. 64−76. Russische Übersetzung in: Novoe v lingvistike, Bd. III, Moskva 1963, S. 106−121. − Vgl. auch SKALIČKA, V.: O sovremennom sostojanii tipologii, Novoe v lingvistike, Bd. III, S. 28; GORBATJUK, N. S., PEREBYJNIS, V. S.: Pro metody statystyčno-typologičnogo doslidžennja, Metody strukturnogo doslidžennja movy, Kyjiv 1968, S. 120−144.

[2] KRÁMSKÝ, J.: Quantitative Typology of Languages, Language and Speech II, 1959, S. 72−85. Dazu vgl. SKALIČKA, V.: Typologie slovanských jazyků, zvláště ruštiny, Československa rusistika III, 1958, S. 74 f.

[3] STANKIEWICZ, E.: Towards a Phonemic Typology of the Slavic Languages, American Contributions to the Fourth International Congress of Slavicists, 's-Gravenhage 1958, S. 301−319.

[4] REVZIN, I. I.: Metod modelirovanija i tipologija slavjanskich jazykov, Moskva 1967, S. 15. − Vgl. auch PADUCHEVA, E. V.: Information Theory and the Study of Language, Exact Methods in Linguistic Research, University of California Press, Berkeley and Los Angeles 1963, S. 137.

[5] Die Notwendigkeit, typologische Vergleiche auf den einzelnen sprachlichen Ebenen vorzunehmen, begründet u. a. B. A. USPENSKIJ: Strukturnaja tipologija jazykov, Moskva 1965, S. 41. Zu den Problemen einer syntagmatischen Typologie im allgemeinen und zu denen einer syntagmatisch orientierten phonologischen Typologie im besonderen vgl. u. a. REVZIN, I. I.: Modeli jazyka, S. 16, S. 37 ff.; LEKOMCEVA, M. I., SEGAL, D. M., SUDNIK, T. M., ŠUR, S. M.: Opyt postroenija fonologičeskoj tipologii blizkorodstvennych jazykov, Slavjanskoe jazykoznanie, Moskva 1963, S. 423 ff.

[6] In diese.n Zusammenhang ist eigens zu betonen, daß es sich um Klasseneinteilungen nach statistischen Gesichtspunkten handelt. Ein anderer Weg könnte mit Clusteranalysen beschritten werden, der aus den Merkmalsdaten mittels taxonomischer Methoden (vgl. SOKAL, R. R., SNEATH, P. H. A.: Principles of Numerical Taxonomy, W. H. Freeman and Company, San Francisco 1963) Klassen nach dem Grad der Verwandtschaft der Merkmalsträger ermittelt. Solche Methoden wurden für die Sprachtypologie in anderem Zusammenhang bereits nutzbar gemacht, worüber bei anderer Gelegenheit zu berichten sein wird.

[7] Vgl. BURLAKOVA, M. I., NIKOLAEVA, T. M., SEGAL, D. M., TOPOROV, V. N.: Strukturnaja tipologija i slavjanskoe jazykoznanie, Strukturno-tipologičeskie issledovanija, Moskva 1962, S. 8; USPENSKIJ, B. A.: Strukturnaja tipologija jazykov, S. 17.

[8] Vgl. TRUBETZKOY, N. S.: Grundzüge der Phonologie, 3., durchgesehene Auflage, Göttingen 1962, S. 227; MATTHESIUS, V.: Zum Problem der Belastungs- und Kombinationsfähigkeit der Phoneme, Travaux du Cercle Linguistique de Prague 4, 1931, S. 149; SKALIČKA, V.: Typologie slovanských jazyků, S. 73.

[9]) Grundzüge der Phonologie, S. 225.

[10]) ebda.

[11]) Grundzüge der Phonologie, S. 227.

[12]) Vgl. Grundzüge der Phonologie, S. 223; LEKOV, I.: Tipologija na fonemnite sǎčetanija u N. S. Trubeckoj – predpostavka na sǎvremennite predstavi za ezika kato estestven kod, Ezik i literatura 18, 1965, 5, S. 1–6. Vgl. auch ŠEVOROŠKIN, V. V.: Zvukovye cepi v jazykach mira, Moskva 1969, S. 7.

[13]) HARARY, F., PAPER, H. H.: Toward a general calculus of phonemic distribution, Language 33, 1957, S. 143–169. – Mehr oder weniger ausführliche Darstellungen des Distributionskalküls von HARARY und PAPER findet man bei HERDAN, G.: Type-Token Mathematics, 's-Gravenhage 1960, S. 123–125; REVZIN, I. I.: Modeli jazyka, S. 37–39; BUZÁSSYOVÁ, K.: An Attempt at a Calculus of Distribution of the Phonological System of Slovak, Prague Studies in Mathematical Linguistics 1, 1966, S. 52–58; ALTMANN, G.: Introduction to Quantitative Phonology, Habilschrift Bochum 1971, Kap. 3.3. – Zur Kritik an HARARY und PAPER vgl. MDIVANI, R. R.: Zamečanie k modeli obščego isčislenija fonem, Voprosy jazykoznanija 1968/3, S. 124–125. Zur Anwendung vgl. u. a. TOLSTAJA, S. M.: Sočetaemost' soglasnych v svjazi s fonologičeskoj strukturoj slova v slavjanskich jazykach, Sovetskoe slavjanovedenie 1, Moskva 1968, S. 41–54, insbes. S. 44 ff.

[14]) ALTMANN, G.: Introduction to Quantitative Phonology, Kap. 3.3 und 3.4.

[15]) In diesem Zusammenhang ist eine Bemerkung USPENSKIJS in einer seiner neueren Arbeiten zur Sprachtypologie von Interesse. USPENSKIJ spricht dort davon, daß die Feststellung „empirischer" Universalien unabhängige, von „adäquaten Positionen" aus vorgenommene Sprachbeschreibungen voraussetze. Diese Voraussetzung sei aber für eine bedeutende Anzahl von Sprachen nicht erfüllt, so daß die Universalien oft nur als gegeben vermutet werden könnten. (USPENSKIJ, B. A.: Jazykovye universalii i aktual'nye problemy tipologičeskogo opisanija jazyka, Jazykovye universalii i lingvističeskaja tipologija, Moskva 1969, S. 7 f.) Wenn wir auch eine andere Absicht als USPENSKIJ verfolgen, so müssen wir, ähnlich wie er, die Gleichheit von Sprachbeschreibungen voraussetzen, damit es möglich wird, unsere Methode an einem ausreichenden Material zu demonstrieren.

[16]) Vgl. die entsprechenden Tabellen bei TOLSTAJA, S. M.: Fonologičeskoe rasstojanie i sočetaemost' soglasnych v slavjanskich jazykach, Voprosy jazykoznanija 1968/3, S. 67 (Polnisch), S. 76 (Serbokroatisch), bzw. bei LUNT, H. G.: A Grammar of the Macedonian Literary Language, Skopje 1952, S. 10 (Makedonisch), ders.: Old Church Slavonic Grammar[3], 's-Gravenhage 1965, S. 26 (Altkirchenslavisch).

[17]) BUZÁSSYOVÁ, K.: An Attempt at a Calculus of Distribution, S. 53.

[18]) Die Schwierigkeit einer eindeutigen Entscheidung, was als integriert gelten kann, wird erst durch eine frequenzorientierte Untersuchung zu überwinden sein; s. u.

[19]) Introduction to Quantitative Phonology, Kap. 3.42.4.

[20]) Für die Polynome einschließlich der Geraden wurden die üblichen Methoden der multiplen Regressionsanalyse auf die Daten angewendet und die ermittelten partiellen Regressionskoeffizienten auf ihre Signifikanz hin untersucht (vgl. BROWNLEE, K. A.: Statistical Theory and Methodology[2], John Wiley & Sons, Inc., New York, London, Sidney 1967, S. 419 ff.; YAMANE, T.: Statistics[2], Harper and Row, New York, 1969, S. 752 ff.). Für Gerade und Parabel erfolgte ein zweiter Eignungstest zusammen mit den übrigen Kurven (log. Gerade und Parabel, Exponentiale, modifizierte Exponentiale, Gompertzkurve, logistische Kurve) auf der Grundlage des von J. V. GREGG, C. H. HOSSELL und J. T. RICHARDSON (Mathematical Trend Curves, ICI-Monographs No. 1, Oliver & Boyd, Edinburgh 1967) entwickelten Verfahrens, aus dem gleitenden Durchschnitt und einer Steigungscharakteristik (linear verlaufende Funktionen der Ableitungen der einzelnen Trendkurven bzw. der entsprechenden Schätzwerte aus den Daten) auf die Anwendbarkeit der einzelnen Kurventypen zu schließen. Die umfangreichen Berechnungen wurden mit eigens dafür entworfenen Programmen auf dem TR 440 des Rechenzentrums der Ruhr-Universität Bochum durchgeführt.

[21] Die Steigungscharakteristik wies für die einfache Exponentiale signifikante Abweichung von Null auf, wo horizontaler Verlauf Bedingung war; in den übrigen Fällen hätte die Steigungscharakteristik negativ sein müssen, war aber durchweg positiv (wenn auch nicht signifikant von Null verschieden). Von den Polynomen schließlich war nur bei der Parabel ($R = 1,134\,P^2 - 39,48\,P - 607$) und bei einseitigem Test eine Signifikanz des Koeffizienten des nichtlinearen Gliedes nachzuweisen ($t_0 = 2,03$, bei $n-2 = 30$ Freiheitsgraden und $\alpha = 0,05$, $c = 1,70$) bei zweiseitigem Test ($c = 2,04$) war sie, wenn auch nur ganz knapp, nicht mehr gegeben. Dafür war der Krümmungsradius der Parabel bereits gleich $68,88$ bei $P = 20$, ein Zeichen, wie geringfügig der Parabelast von einer Geraden abwich.

[22]
$$R = 28,92\,P + 22,61\,V - 545,20.$$

[23] Unter der oben bereits gemachten Voraussetzung, daß R für festes P (und V) asymptotisch normalverteilt ist.

[24] Der starke Einfluß des Vokalbestandes machte sich auch beim versuchsweisen Ansatz modifizierter Exponentialkurven mit zwei unabhängigen Variablen geltend. Für diesen Ansatz wurden die Ausgangsdaten in passender Weise transformiert, um die Anpassung auf die einer Regressionsebene zu reduzieren. Ein interessantes Ergebnis lieferte dabei vor allem die Gompertzkurve der Form $P = 2000,0 \cdot 0,00158(0,959^P \cdot 0,965^V)$ (der konstante Faktor war nach der Drei-Punkte-Methode abgeschätzt worden). Bei ihr lag die Summe der Quadratabweichungen am niedrigsten. Eine Kurve dieser Art würde sich auch auf Grund der Überlegung anbieten, daß die Neigung zu neuen Phonemverbindungen mit wachsendem P abnehmen muß, allein schon weil die Zahl der distinktiven Merkmale begrenzt ist und nur eine endliche Kombination von Phonemen, die sich in hinreichendem Maße distinktiv voneinander unterscheiden, zuläßt. Die Gompertzkurve besitzt einen solchen Grenzwert, nur reicht das bisher erschlossene sprachliche Material nicht aus, sie der wesentlich einfacheren Regressionsebene vorzuziehen, namentlich dann, wenn man bedenkt, daß sie in dem behandelten Phonembereich ihrerseits fast linear verläuft.

[25] Vgl. zu diesem Problem die Ausführungen von E. PULGRAM: Syllable, Word, Nexus, Cursus, The Hague – Paris 1970, S. 90 ff.

Anhang

Nachweis über die Herkunft des der Untersuchung zugrundegelegten Materials.

Hethitisch: Tabelle der Phoneminteraktionen bei IVANOV, V. V.: Chettskij jazyk, Moskva 1963, S. 78.

Spanisch (Costa Rica): Beschreibung der Interaktionen und Tabelle der Konsonantenverbindungen bei CHAVARRIA-AGUILAR: The Phonemes of Costa Rican Spanish, Language 27, 1951, S. 248–253.

Neuisländisch: Tabelle der Interaktionen bei HAUGEN, E.: The phonemics of modern Icelandic, Language 34, 1958, S. 87.

Guaraní: Tabelle der Interaktionen bei GREGORES, E., SUÁREZ, J. A.: A Description of Colloquial Guaraní, The Hague 1967, S. 85.

Ayacucho Quechua: Beschreibung der Distribution der Phoneme bei PARKER, G. J.: Ayacucho Quechua Grammar and Dictionary, The Hague – Paris 1969, S. 19 f., Tabelle der Konsonantenverbindungen auf Seite 20.

Baskisch (Maya): Tabelle der Interaktionen bei N'DIAYE, G.: Structure du dialecte basque de Maya, The Hague – Paris 1970, nach S. 24.

Arumunisch, Griechisch B (eine Variante des Neugriechischen), **Sarakatšan**: Die Interaktionstabellen
für diese Sprachen stellte uns freundlicherweise Herr Dr. E. A. AFENDRAS vom Centre international de recherches sur le bilinguisme, Université Laval, Québec, zur Verfügung. Wir danken ihm an
dieser Stelle für die Überlassung der Daten.

Attisch: Tabelle der Interaktionen bei AFENDRAS, E. A.: Can One Measure a Sprachbund? A Calculus of Phonemic Distribution for Language Contact, Folia Linguistica IV/1, 2, 1970, S. 99.

Totonako: Vollständige Beschreibung der Interaktionen bei ASCHMANN, H.: Totonaco Phonemes,
International Journal of American Linguistics 12, 1946, S. 34–43.

Japanisch: Als Alt- bzw. als Neujapanisch bezeichnen wir hier der Einfachheit halber den „conservati-
ve” bzw. den „innovating dialect” des Japanischen. Interaktionen (nach B. BLOCH) bei HARARY,
F., PAPER, H. H.: Toward a general calculus of phonemic distribution, Language 33, 1957, S. 158 f.

Indonesisch: Tabelle und Auswertung der Daten bei ALTMANN, G.: Introduction to Quantitative
Phonology, Habilschrift Bochum 1971, Kap. 3.3. und 3.42.4 sowie Anhang zu Kap. 3.

Serbokroatisch: Die Interaktionstabelle für die skr. Sprache wurde aus den folgenden beiden Werken
gewonnen: MATEŠIĆ, J.: Rückläufiges Wörterbuch des Serbokroatischen, 2 Bde, Wiesbaden 1965–
1967 (ca. 130 000 Eintragungen), ŠKALJIĆ, A.: Turcizmi u srpskohrvatskom jeziku, Sarajevo 1965
(8742 Wörter).

Maharaṣṭi, Mahadhi, Šauraseni: Die Interaktionstabellen für diese mittelindischen Sprachen sind veröffentlicht bei VERTOGRADOVA, V. V.: Strukturnaja tipologija sredneindijskich fonologičeskich
sistem, Moskva 1967, S. 92–97.

Makedonisch: Die Tabelle der Phoneminteraktionen des Makedonischen beruht auf der Auswertung des
„Obraten rečnik na makedonskiot jazik” von V. MILIČIK, Skopje 1967, sowie des Aufsatzes „An-
lautende zweigliedrige Phonemgruppen des Mazedonischen und die Adaptation griechischer Lehnwör-
ter” von P. REHDER (Beiträge zur Südosteuropa-Forschung, München 1970, S. 117–126).

Amerikan. Englisch: Die Interaktionstabelle beruht auf den Angaben von ROBERTS, A. H.: A Statistical Linguistic Analysis of American English, The Hague 1965. – Wir danken an dieser Stelle Herrn
Prof. Dr. G. ALTMANN, Bochum, der die Tabelle ausgearbeitet und uns freundlicherweise zur Verfügung gestellt hat.

Pāli: Die Tabelle der Phoneminteraktionen des Pāli ist veröffentlicht bei ELIZARENKOVA, T. Ja.,
TOPOROV, V. N.: Jazyk Pali, Moskva 1965, S. 222–223 (Tab. 11).

Sirionó: Beschreibung der Phonemdistribution und zwei Interaktionstabellen bei FIRESTONE, H. L.:
Description and Classification of Sirionó, The Hague 1965, S. 16–19.

Altkirchenslavisch: Bei der Aufstellung der Interaktionstabelle für das Aksl. gingen wir aus von dem
Phonemsystem und den Angaben über die Distribution der Phoneme bei LUNT, H. G.: Old Church
Slavonic Grammar[3], 's-Gravenhage 1965, S. 24–41. Daneben wurde das „Handwörterbuch zu den
altkirchenslavischen Texten” von L. SADNIK und R. AITZETMÜLLER, Heidelberg 1955, ausge-
wertet.

Ungarisch: Tabelle der Phoneminteraktionen bei VÉRTES, E.: Statistische Untersuchungen über den
phonetischen Aufbau der ungarischen Sprache, Acta Linguistica III, 1953, Tab. V. Diese Tabelle ist
u. U. geringfügig zu ergänzen, da sie auf dem Werk nur eines Schriftstellers (P.VERES) basiert.

Arabisch (Zypern): Tabellen zu den Phoneminteraktionen bei TSIAPERA, M.: A Descriptive Analysis
of Cypriot Maronite Arabic, The Hague – Paris 1970, S. 27–30.

Ukrainisch: Für die urkrainische Sprache stützen wir uns auf die Arbeit von V. I. PEREBEJNOS (d. i.
Perebyjnis) "Častota i sočetaemost' fonem sovremennogo ukrainskogo jazyka", Seminar Avtomatizacija informacionnych rabot i voprosy prikladnoj lingvistiki, 1965, Vyp. 1, Kiev 1965. Perebyjnis
geht von zwei phonologischen Systemen für das Ukrainische aus, einem, das die in Fremd- und in
Lehnwörtern vorkommenden Phoneme /b'/, /v'/, /k'/, /m'/ und /p'/ enthält (unser „Ukrainisch 1”),
so daß P, wenn man juncture nicht zählt, gleich *43*, und einem ohne die genannten Phoneme mit
$P = 38$ (unser „Ukrainisch 2”). Auf Grund der auf Seite 20 von Perebyjnis' Arbeit wiedergegebenen
Tabelle konnte die Zahl der in beiden Systemen realisierten Interaktionen berechnet werden.

Russisch: Wir gehen aus von dem Phonemsystem des Russischen, wie es in der unter Anmerkung 5 genannten Arbeit von LEKOMCEVA u. a. dargestellt ist. Entsprechend wurde die Tabelle der Konsonantenverbindungen bei JEFREMOVA, T. F.: Ustanovlenie modelej posledovatel 'nosti fonem kak odna iz storon fonematičeskogo opisanija jazyka, Sbornik naučnych studenčeskich rabot, Moskva 1962, S. 280, adaptiert und um die Verbindungen, an denen die Vokale beteiligt sind, ergänzt.

Polnisch: Als Grundlage für die Feststellung der Konsonantenverbindungen in der polnischen Sprache diente die Arbeit von M. BARGIETÓWNA "Grupy foncmów spółgłoskowych współczesnej polszczyzny kulturalnej", Biuletyn Polskiego Towarzystwa Językoznawczego X, 1950, S. 1–25, die Anspruch auf Vollständigkeit erhebt. Die Tabelle der biphonematischen Verbindungen des Polnischen, die nach den Angaben von N. S. GORBATJUK und L. S. STOJKOVA: Statističeskoe issledovanie jazyka na ÉVM 'Ural-1', Seminar Avtomatizacija informacionnych rabot i voprosy prikladnoj lingvistiki 4, Kiev 1963, S. 20–25, aufgestellt werden kann, wurde nur zur Verifizierung von chains und transitions herangezogen, da sie auf einem Text von nur 30 000 Zeichen beruht. –

Sanskrit: Die Tabelle der Phoneminteraktionen des Sanskrit ist veröffentlicht bei IVANOV, V. V., TOPOROV, V. N.: Sanskrit, Moscow 1968, Table 9.

Saˁi:di: Tabellen der Phoneminteraktionen bei KHALAFALLAH, A. A.: A Descriptive Grammar of Saˁi:di Egyptian Colloquial Arabic, The Hague – Paris 1969, S. 32–39.

Slovakisch: Tabelle der Interaktionen in der zitierten Arbeit von K. BUZÁSSYOVÁ (Table I).

Vielleicht ein Baustein zu Theorie und Praxis der numerischen Beschreibung sprachlicher Phänomene

von Werner Müller

1. Einleitender Überblick

In vielen Arbeiten finden wir einen oder mehrere numerische Aspekte eines sprachlichen Phänomens erörtert, finden die Analyse dieses Aspektes an einem vorgegebenen Phänomen durchgeführt, sehen als Ergebnis, daß diese numerische Eigenschaft im vorgegebenen Phänomen bestimmt ausgeprägt ist. Die Vielzahl solcher Arbeiten könnte man wie Briefmarken in einem Einsteckalbum sammeln — doch könnte man sie auch wie Briefmarken in ein vorgedrucktes Album einkleben? Letzteres wohl erst dann, wenn man ein solches Album drucken könnte, sprich, wenn man a priori weiß, welche numerischen Eigenschaften ein beliebiges sprachliches Phänomen besitzt.

In diesem Aufsatz soll der Versuch unternommen werden, sich mit der Frage auseinanderzusetzen, warum ein sprachliches Phänomen numerische Eigenschaften besitzen kann, welche diese sein müssen, wie wir sie analysieren können. Es soll mit dieser Arbeit aber sicher nicht der Eindruck erweckt werden, daß hier der Versuch unternommen worden sei, eine Theorie der numerischen Charakterisierung sprachlicher Phänomene zu schreiben — allenfalls mag man in dieser Arbeit einen möglichen Baustein dieser Theorie erkennen.

Der Ausgangspunkt dieser Arbeit wird die Definition einer Struktur sein, welche wir mit dem Begriff MKS-Struktur belegen werden. In dieser Struktur sind Objekte enthalten, die bestimmte numerische Eigenschaften aufweisen müssen, welche in bestimmter Art analysiert, welche durch Definition bestimmter Maßzahlen zum Ausdruck gebracht werden können.

Sicher werden wir in diesem Aufsatz nicht sämtliche numerischen Aspekte der einzelnen Objekte dieser Struktur vorstellen können, doch wird es dem Leser leicht möglich sein, weitere numerische Aspekte zu erkennen und somit diese Arbeit zu vervollständigen. Den Schluß dieser Arbeit bildet die Überlegung, ob sprachliche Phänomene als Objekte der MKS-Struktur erachtet werden können, falls ja, so müssen diesen sprachlichen Phänomenen all jene numerischen Eigenschaften inne wohnen, die wir vorher als den Objekten der MKS-Struktur eigen erkannt haben. Wir werden sehen, daß wir diese Frage bejahen können, und wir werden mit einem bescheidenen Bißchen Empirie das Voranstehende zu veranschaulichen versuchen.

2. Grundlegend Definitorisches

In diesem Absatz erdenken wir uns einen Sachverhalt, den wir in Definitionen fassen, die nachfolgend zunächst ohne nähere Erläuterung aufgezählt werden.

DEF 1   Der Begriff MKS-Struktur stehe als Abkürzung für den Begriff Menge-Ketten-Super-
ketten-Struktur.

DEF 2   Es sei eine beliebige endliche Menge gegeben. Sie werde symbolisiert durch M, sie
beinhalte die Elemente m_t (t = 1, 2, . . . , T), sie sei vom Umfang (M) = T, sie heiße
die Menge M der MKS-Struktur.

DEF 3   Eine beliebige Variation mit Wiederholung aus den (M) Elementen der Menge M
zu einer beliebigen endlichen Klasse i (i = 1, 2, . . . , I) heiße eine Kette der MKS-
Struktur.

DEF 4   Die Menge aller möglichen Ketten sei die Menge M^* mit dem Umfang (M^*). Sie
heiße Kettenschatz der MKS-Struktur.

DEF 5   Die Menge Z sei eine endliche Menge, die beliebig sein kann, aber immer element-
fremd zur Menge M sein muß. Sie beinhalte die Elemente z_u (u = 1, 2, . . . , U),
sie sei vom Umfang (Z) = U und heiße Menge der Trenner der MKS-Struktur.

DEF 6   Eine beliebige Variation mit Wiederholung aus den (M^*) Elementen der Menge M^*
zu einer beliebigen Klasse n (n = 1, 2, . . .) heiße eine Superkette der MKS-Struktur.

DEF 7   Die Menge aller möglichen Superketten sei die Menge M^{**} vom Umfang (M^{**}).
Sie heiße Superkettenschatz der MKS-Struktur.

DEF 8   Ein beliebiges aus der Empirie gegriffenes Phänomen heiße MKS-strukturiert, wenn
es als eine Kette oder als eine Superkette einer aus der Empirie heraus zu bestimmen-
den MKS-Struktur erachtet werden darf gemäß der Definitionen 2 bis 7.

3. Folgerungen aus diesen Definitionen

Diese Definitionen des voranstehenden Abschnitts sind die grundlegenden dieser Arbeit. Wir wollen sie überdenken, wobei wir manches erkennen werden, was zur Formulierung
von Sätzen führt,[1]) oder aber weitere Definitionen erforderlich macht.

Betreffs der Ketten erkennen wir:

Satz 1   Wir können das Bilden von Ketten über der Menge M als einen i-mal durchgeführten
Ziehungsprozess mit Zurücklegen[2]) von Elementen m_t der Menge M betrachten.

Betreffs der Superketten erkennen wir:

Satz 2   Wir können das Bilden von Superketten über der Menge M^* als einen n-mal durchgeführten Ziehungsprozess mit Zurücklegen[2]) von Ketten aus der Menge M^* betrachten.

Stellen wir uns die Praktizierung beider Ziehungsprozesse vor, so müssen wir uns irgendwie
einigen, wie wir die Ziehungsergebnisse fixieren. Deshalb:

DEF 9   Die Ergebnisse der Ziehungsprozesse zwecks Bildung von Ketten und Superketten
seien in der Reihenfolge ihrer Ziehung von einer definierten Seite ausgehend linear
angeordnet.

Nach Definition 9 erkennen wir, daß das äußere Erscheinungsbild von Ketten und Superketten möglicherweise keine Unterscheidung zuläßt. Wir schaffen Abhilfe, indem wir Definition 9 für Superketten erweitern durch

66

DEF 10 Bei der Bildung von Superketten werde jedes neue Ziehungsergebnis einer Kette
aus der Menge M^* durch ein Element der Menge Z indiziert.

Damit erhalten wir als äußeres Erscheinungsbild einer Superkette eine alternierende, auf
einer definierten Seite beginnende Abfolge von Elementen der Menge M^* und Elementen
der Menge Z. Dabei erkennen wir:

Satz 3   Bezüglich jedes Elementes, was in der Abfolge der Erzeugung einer Superkette
auftaucht, ist eindeutig entscheidbar, ob es ein Ziehungsergebnis oder ein Indiz
für ein Ziehungsergebnis darstellt, da M und Z disjunkt sind.

Ferner erkennen wir:

Satz 4   Das Erzeugen von Ketten und Superketten in einer MKS-Struktur ist ein Prozess.

Satz 5   Zur Praktizierung der Erzeugung von Ketten und Superketten in einer MKS-Struktur gehört eine Vorschrift, gemäß welcher der Ziehungsprozess mit Zurücklegen
reglementiert wird.

Es ist a priori sicher, daß diese Vorschrift einer MKS-Struktur eigen sein muß, falls man je-
mals in dieser MKS-Struktur eine Superkette erzeugen will. Diese Vorschrift muß dem Erzeuger nicht bewußt sein, doch hat er eine Kette oder Superkette erzeugt, so gilt:

Satz 6   Eine gegebene Kette oder Superkette ist Dokument dafür, *daß*, und dafür, *wie* die
Vorschrift der MKS-Struktur während des Prozesses der Erzeugung gewirkt hat.

Es ist denkbar, daß der Erzeuger von Ketten und Superketten in einer MKS-Struktur ein
physikalischer Zufallsgenerator ist. Für einen ganz bestimmten solchen Zufallsgenerator
gelte eine Vorschrift, für welche wir definieren:

DEF 11 Ist das Erzeugen von Ketten, bzw. Superketten, in einer MKS-Struktur so reglementiert, daß es vergleichbar ist dem Würfeln mit einem idealen, nach (M), bzw.
nach (M^*) dimensionierten Würfel, so sagen wir, es gelte die Vorschrift des idealen
Standardfalls.

Gehen wir jetzt über zu der Betrachtung ganz allgemeiner numerischer Eigenschaften einer
MKS-Struktur. Manche numerischen Eigenschaften sind direkt aus den grundlegenden Definitionen erkennbar, manche sind nicht sofort ersichtlich — doch liegen sämtliche numerischen Eigenschaften in den grundlegenden Definitionen begründet. Mit den nicht sofort
erkennbaren beschäftigen wir uns später. Stellen wir jetzt ganz simple numerische Eigenschaften vor, wie etwa den Umfang der Menge M. Er ist endlich, für ihn gilt:

$$(M) = T \tag{1}$$

Der Umfang der Menge M^* ist leicht berechenbar gemäß:

$$(M^*) = \sum_{i=1}^{I} (M)^i \tag{2}$$

Der Umfang der Menge M^{**} berechnet sich gemäß:

$$(M^{**}) = \sum_{n=1}^{\infty} (M^*)^n \tag{3}$$

Aus Gleichung (3) ist ersichtlich, daß die Menge (M^{**}) eine infinite Menge ist, wir hatten ja in Definition 6 für n nicht angenommen, daß es eine obere Schranke haben solle, das heißt, wir haben keine Begrenzung der Klasse n definiert, zu welcher maximal mit Wiederholung variiert werden darf.

Wir werden später manchmal davon ausgehen, daß uns eine Superkette einer bestimmten MKS-Struktur vorgegeben ist. Für solche vorgegebenen Superketten wollen wir definieren

DEF 12 Jede vorgegebene Superkette stelle eine Variation mit Wiederholung aus (M^*) Elementen der Menge M^* zu einer endlichen Klasse dar.

Aus den Definitionen 9 und 10 können wir erkennen:

Satz 7   Bei Betrachtung einer vorgegebenen Kette, bzw. Superkette können wir eindeutig erkennen, welchen Wert jene Klasse besitzt, zu welcher die vorgegebene Kette, bzw. Superkette eine Variation mit Wiederholung darstellt.

Wenn wir uns als Meßeinheit für die Länge einer Kette bzw. Superkette die jeweils zu variierenden Elemente vorstellen, so ist der Wert der Klasse, zu welcher variiert wird, identisch mit dem Wert für die Länge der Kette bzw. Superkette. Deshalb wollen wir definieren:

DEF 13 Die Länge einer Kette werde gemessen in Elementen m_t der Menge M.

DEF 14 Die Länge einer Superkette werde gemessen in Elementen der Menge M^*.

Nun folgt:

Satz 8   Die Länge von vorgegebenen Ketten, bzw. Superketten ist eindeutig bestimmbar.

Wir haben eine erste, wenngleich recht allgemeine, numerische Eigenschaft von Ketten und Superketten in einer MKS-Struktur erkannt.

Es erscheint im Anschluß an die Definition 13 und 14 eine Bemerkung erforderlich: Wir stellen nämlich fest, daß wir gemäß den grundlegenden Definitionen den Umfang der Mengen M und M^* in eben jenen Einheiten messen, in welchen wir auch die Länge einer Kette, bzw. Superkette messen wollen. Es ist auf dem bisherigen Stand der Überlegungen wohl einerseits dem Umfang der Menge M und der Länge einer Kette, andererseits dem Umfang der Menge M^* und der Länge einer Superkette jeweils eindeutig eine Meßeinheit zugeordnet, doch ist diese Zuordnung nicht umkehrbar eindeutig, was zum Beispiel bewirkt, daß wir aus einer angegebenen Zahl von Ketten nicht erkennen können, ob wir den Umfang des Kettenschatzes oder die Länge einer Superkette gemessen haben. Wir sehen uns deshalb gezwungen, weitere Definitionen einzuführen, welche das erkannte Problem bereinigen sollen:

DEF 15 Der Umfang der Menge M werde gemessen in m_t-Types.

DEF 16 Die Länge einer Kette werde gemessen in m_t-Tokens.

DEF 17 Der Umfang des Kettenschatzes M^* werde gemessen in Kettentypes.

DEF 18 Die Länge einer Superkette werde gemessen in Kettentokens.

Nachdem wir jetzt allererste numerische Aspekte einer MKS-Struktur kennengelernt haben, überlegen wir weiter, welche numerische Aspekte ihr eigen sein können. Gemäß Definition 2 kann die einer MKS-Struktur zugrundeliegende Menge M beliebig sein. Somit ist möglich, daß sämtliche Elemente der Menge M auch Elemente der Menge der reellen Zahlen sind, daß also die Menge M eine endliche Teilmenge der Menge der reellen Zahlen ist. Dies ist, wie betont, möglich, und erlaubt, numerische Eigenschaften der MKS-Struktur in ganz bestimmter Richtung zu suchen.

Wir können die Menge M als ein Kollektiv von Merkmalswerten erachten. Wir erkennen:

Satz 9 Wenn die Menge M eine endliche Teilmenge der Menge der reellen Zahlen ist, so kann sie mittels der Methoden der statistischen Kollektivmaßlehre numerisch beschrieben werden.[3]

Das heißt, wir können für die Menge M Maßzahlen der Lage, des Durchschnitts und der Streuung berechnen. Wenn Satz 9 für eine MKS-Struktur gilt, so gilt auch

Satz 10 Wenn die Menge M eine endliche Teilmenge der Menge der reellen Zahlen ist, so stellt jede Kette des Kettenschatzes ein Kollektiv von Merkmalswerten m_t dar. Für jedes Element der Menge M^* ist a priori jede statistische Kollektivmaßzahl bestimmbar, so daß jedem Element der Menge M^* eindeutig ein a priori bestimmbarer Datenkranz statistischer Kollektivmaßzahlen zugeordnet werden kann.

Nach Satz 10 erkennen wir, daß wir jeder Kette einer vorgegebenen Superkette eine bestimmte statistische Kollektivmaßzahl zuordnen können, so daß insgesamt:

Satz 11 Jede Superkette mittels Methoden der statistischen Kollektivmaßlehre numerisch beschrieben werden kann, wenn die Menge M eine endliche Teilmenge der Menge der reellen Zahlen ist.

Das Ergebnis der Überlegungen unter der Annahme, daß M eine endliche Teilmenge der Menge der reellen Zahlen ist, zeigt, daß uns dann a priori eine große Zahl numerischer Beschreibungsmöglichkeiten gegeben ist, die durch die Methoden der statistischen Kollektivmaßlehre bekannt sind.

Wenn wir aber annehmen, was ja aufgrund der Definition 2 ebenso möglich ist, daß die Menge M grundsätzlich nur Elemente enthält, die von nicht-numerischer Natur sind, so entfallen zunächst einmal sämtliche Möglichkeiten, die wir in den Sätzen 9 bis 11 zur numerischen Beschreibung der MKS-Struktur erkannten. Doch gilt in diesem Falle:

Satz 12 Wenn die Menge M einer MKS-Struktur von grundsätzlich nicht-numerischer Natur ist, so kann man sie immer umkehrbar eindeutig in die Menge der reellen Zahlen abbilden, so daß man die numerischen Beschreibungsmöglichkeiten erhält, welche gelten, wenn die Menge M eine endliche Teilmenge der Menge der reellen Zahlen ist.

Diese generelle Möglichkeit, die wir in Satz 12 erkennen, muß nicht immer sinnvoll in der Anwendung sein — sie hat wohl nur dann mehr als nur rein akademischen Wert, wenn die Elemente der Menge M zwar grundsätzlich nichtnumerischer Natur sind, jedoch einen nahen Bezug zum numerischen aufweisen.[4]

Da man die statistische Kollektivmaßlehre als hinlänglich bekannt voraussetzen darf, ist somit eine ganze Richtung der numerischen Beschreibung einer Superkette ausreichend behandelt, und wir werden im Folgenden davon ausgehen, daß die Menge M ausschließlich Elemente von nicht-numerischer Natur beinhaltet, ferner, daß wir nicht geneigt sind, die Menge M eineindeutig in die Menge der reellen Zahlen abzubilden.

Eine ganz andere Blickrichtung, unter welcher man numerische Aspekte einer MKS-Struktur finden kann, knüpfen an

Satz 13 Wir können in jeder MKS-Struktur in einer Hypothese annehmen, daß die Erzeugung von Ketten und Superketten in dieser MKS-Struktur gemäß der Vorschrift des idealen Standardfalls reglementiert sei.

Dies führt uns zu einer Erkenntnis, welche wir fassen in

Satz 14 Bei Vorliegen des idealen Standardfalls kann das Erzeugen von Ketten und Superketten aus wahrscheinlichkeitstheoretischer Sicht betrachtet werden.

Und rein intuitiv gewinnen wir im Anschluß an Satz 14 den Eindruck, daß wir einzelnen Ketten bzw. Superketten Wahrscheinlichkeitsmaße zuerkennen können. Doch wollen wir dies zunächst als Intuition im Raum stehen lassen, merken uns lediglich eine weitere Blickrichtung zur numerischen Beschreibung einer MKS-Struktur.

Eine weitere Erörterung von numerischen Eigenschaften einer MKS-Struktur wird später erfolgen, sie geht von der tieferen Betrachtung der grundlegenden Definitionen aus.

Wir beenden diesen Abschnitt mit dem Gedanken, daß wir numerische Aspekte einer MKS-Struktur finden können, daß wir numerische Eigenschaften von Ketten und Superketten finden können — wenngleich sich natürlich dieser Eindruck auf noch nicht besonders viele gefundene Eigenschaften stützt. Indessen mag der Eindruck schon so groß sein, daß wir erkennen, daß wir die numerischen Eigenschaften zum Ausdruck bringen können, indem wir Maßzahlen definieren, deren Werte die Ausprägung dieser numerischen Eigenschaften fixieren.[6] Für solche Maßzahlen definieren wir einen eigenen Begriff:

DEF 19 Unter dem Begriff numerisches Kettencharakteristikum, bzw. numerisches Superkettencharakteristikum verstehen wir eine definierte Maßzahl, die eine numerische Eigenschaft einer Kette, bzw. einer Superkette ausdrückt und deren Wert aus jeder beliebigen Kette, bzw. Superkette bestimmbar sein muß.

Nunmehr ziehen wir weitere Folgerungen, doch wollen wir diesen Abschnitt 3 als beendet betrachten, denn jetzt folgern wir unter gewissen Einschränkungen und in eine recht gezielte Richtung, so daß wir eine eigene Überschrift zu einem neuen Abschnitt setzen.

4. Numerische Superkettencharakteristika und deren Analyse

Zunächst zeigt die Überschrift an, daß wir uns auf numerische Superkettencharakteristika beschränken, fortan erörtern wir nicht mehr numerische Kettencharakteristika. Diese Einschränkung erfolgt aus Gründen des Platzes und scheint mir von nicht großer Bedeutung, denn vieles dessen, was wir unter dieser Überschrift erörtern wollen, gilt in Analogie für die numerischen Kettencharakteristika. In diesem Abschnitt gehen wir davon aus, daß wir irgendein numerisches Superkettencharakteristikum gegeben haben, wenngleich uns diese Annahme im Moment noch wenig anschaulich sein mag, da wir ja noch kaum solche numerischen Superkettencharakteristika kennengelernt haben. Wir symbolisieren dieses gedachte numerische Superkettencharakteristikum durch Ch und seinen Wert durch (Ch). Wir werden nun die Ausführungen so halten, daß Ch wirklich für jedes beliebige Charakteristikum stehen kann, welches wir in einem späteren Abschnitt kennenlernen.

Wir haben also ein numerisches Superkettencharakteristikum Ch vor Augen, wir denken uns eine MKS-Struktur als bestimmt und eine beliebige Superkette, die zu dieser MKS-Struktur gehört, als vorgegeben.

Aus dem vorigen Abschnitt wissen wir, daß wir erkennen können, daß die vorgegebene Superkette eine bestimmbare Anzahl Kettentokens lang ist. Wir nehmen an, daß diese Superkette N Kettentokens lang sei. Damit stellt die vorgegebene Superkette das Resultat eines N mal durchgeführten Ziehungsprozesses mit Zurücklegen von Ketten der Menge M^* dar. Von der ersten Ziehung bis zur N-ten Ziehung durchlief die Werdung dieser Superkette die Stadien n, n = 1, 2, . . . , N. Wir wollen definieren

DEF 20 Jedes Werdungsstadium einer vorgegebenen Superkette der Länge N Kettentokens sei indiziert durch n Kettentokens, n = 1, 2, . . . , N. Die Menge aller Werdungsstadien einer vorgegebenen Superkette sei symbolisiert durch D.

Demnach gilt:

Satz 15 Die Menge D enthält als Elemente n die ersten N Elemente der Menge der natürlichen Zahlen.

Formal:

$$D = \{ n \mid 1 \leqq n \leqq N \} \tag{4}$$

Wenn wir ein beliebiges numerisches Superkettencharakteristikum Ch gegeben haben, so muß wegen Definition 19 gelten:

Satz 16 Der Wert für ein beliebiges Superkettencharakteristikum Ch muß auf jeder Stufe der Werdung einer Superkette bestimmbar sein.

Wir können also jedem Wert n einen Wert $(Ch)_n$ zuordnen. Daraus folgt:

Satz 17 Wir können für jedes beliebige numerische Superkettencharakteristikum Ch eine endliche Zahlenfolge $(Ch)_n$ bestimmen für $n \in D$.

Nun kann es sein, daß die Ermittlung dieser endlichen Zahlenfolge $(Ch)_n$ aus der vorgegebenen Superkette eine konstante Zahlenfolge ergibt — es kann aber auch sein, daß die ermittelte Zahlenfolge abschnittsweise streng monoton ist. Es ist einleuchtend, daß wir, wenn wir nur auf einer einzigen Stufe der Superkettenwerdung den zugehörigen Wert des Charakteristikums ermitteln, niemals erkennen können, ob dieses Charakteristikum während des Prozesses der Superkettenerzeugung seinen Wert ändert oder nicht. Wenn wir annehmen, daß wir aber über diese Ungewissheit Klarheit erlangen wollen, und diese Annahme muß man bei Berücksichtigung von Satz 4 machen, denn dort erkannten wir, daß Superketten das Resultat eines Prozesses sind, — daher wollen wir diesem Prozess Rechnung tragen, — so erkennen wir:

Satz 18 Die Analyse eines beliebigen numerischen Superkettencharakteristikums Ch muß so sein, daß das Analyseergebnis eine endliche Zahlenfolge $(Ch)_n$ für $n \in D$ darstellt.

Nur bei Beachtung von Satz 18 können wir eine eindeutige Aussage darüber fällen, ob sich der Wert eines Charakteristikums Ch während des Prozesses der Superkettenerzeugung geändert hat, oder ob er konstant geblieben ist während des gesamten Prozesses. Es ist einleuchtend, daß wir eine eindeutige Entscheidung dieser Art fällen können. Um beide Arten von numerischen Superkettencharakteristika mit je einem Begriff zu belegen, definieren wir:

DEF 21 Ergibt die Analyse eines beliebigen numerischen Superkettencharakteristikums eine konstante endliche Zahlenfolge $(Ch)_n$ für $n \in D$, so nennen wir dieses Charakteristikum stationär.

Ergibt die Analyse eines beliebigen numerischen Superkettencharakteristikum Ch eine abschnittsweise streng monotone Zahlenfolge $(Ch)_n$ für $n \in D$, so nennen wir dieses Charakteristikum evolutorisch.

Wir erkennen weiter:

Satz 19 Jede endliche Zahlenfolge $(Ch)_n$ ist das Bild der Menge D unter einer Abbildungsvorschrift, nehmen wir an unter der Abbildungsvorschrift 'f'.

Formal:

$$n \rightarrow (Ch)_n \text{ mit } (Ch)_n = f(n) \text{ für } n \in D \tag{5}$$

Daraus folgt, daß bei einem stationären numerischen Superkettencharakteristikum das Bild der Menge D nur aus einem einzigen Element bestehen darf. In diesem Fall können wir die Abbildungsvorschrift 'f' leicht fixieren, denn es gilt dann $(Ch)_n = $ const. für $n \in D$. Doch wenn Ch ein evolutorisches Superkettencharakteristikum darstellt, so werden wir überlegen müssen, wie wir vielleicht die Vorschrift 'f' von Gleichung (5) fixieren können. Neben dieser Frage mag schon eine Weile eine andere im Raum stehen, nämlich: Wie sieht eigentlich die Analyse aus, die uns die endliche Zahlenfolge $(Ch)_n$ als Ergebnis liefern soll? Wir wollen zuerst die letztgenannte Frage diskutieren und kehren dann zu dem Problem zurück, wie wir für ein evolutorisches numerisches Superkettencharakteristikum jene Abbildungsvorschrift finden können, unter welcher die endliche Zahlenfolge $(Ch)_n$ als Bild der Menge D entstanden ist. Die empirische Bestimmung der endlichen Zahlenfolge $(Ch)_n$ stellt ein fortwährendes Wiederholen des immer gleichen Meßvorganges dar, der durchgeführt werden muß, um auf einer bestimmten Stufe n der Superkettenwerdung den zugehörigen Wert für das numerische Superkettencharakteristikum Ch bestimmen zu können. Diese fortwährende Durchführung dieses einen bestimmten Meßvorganges muß für alle Elemente n der Menge D praktiziert werden. Wenn wir annehmen, daß die vorgegebene Superkette 'ziemlich' lang ist, wobei dies 'ziemlich' eine Superkettenlänge von solcher Länge andeuten soll, daß wir die Bestimmung der endlichen Zahlenfolge $(Ch)_n$ kaum noch oder gar nicht von Hand durchführen können, so müssen wir überlegen, ob diese fortwährende Wiederholung des bestimmten Meßvorganges für alle Elemente n der Menge D von einem Rechenautomaten durchgeführt werden kann. Wir wissen, daß ein Rechenautomat eine definierte Menge von Zeichen erkennen und verarbeiten kann. Für diese Zeichenmenge definieren wir:

DEF 22 Die Menge aller maschinell erkennbaren Zeichen sei symbolisiert durch R. Sie beinhalte die Elemente r und heiße Menge der alphanumerischen Zeichen.

Für die maschinelle Bearbeitbarkeit einer vorgegebenen Superkette gilt:

Satz 20 Eine vorgegebene Superkette ist dann und nur dann maschinell bearbeitbar, wenn die Menge M und die Menge Z der dieser vorgegebenen Superkette zugrundeliegenden MKS-Struktur disjunkte Teilmengen der Menge R sind.

72

Ob dieser in Satz 20 erkannte Fall für eine vorgegebene Superkette gilt, muß aus der Bestimmung der Mengen M und Z erkenntlich sein. Wenn einer vorgegebenen Superkette eine MKS-Struktur zugrunde liegt, für die gilt, daß der Durchschnitt der Mengen M und R ferner der Mengen Z und R jeweils leer ist, so gilt:

Satz 21 Wenn der Umfang der Vereinigungsmenge von M und Z kleiner gleich dem Umfang der Menge R ist, so kann man die Menge M und die Menge Z eineindeutig in die Menge R abbilden unter Erfüllung der Notwendigkeit, daß die Bildmengen von M und Z disjunkt sein müssen.

Da in der Menge R ja auch eine sehr umfangreiche Teilmenge der Menge der reellen Zahlen enthalten ist, gilt:

Satz 22 In den meisten MKS-Strukturen kann man die Vereinigung von M und Z eineindeutig in die Menge R abbilden.

Wenn man die Mengen M und Z umkehrbar eindeutig so in die Menge R abgebildet hat, daß die Bildmengen disjunkt sind, so gilt:

Satz 23 Zur vorgegebenen Superkette kann durch eine Parallelcodierung eine und nur eine maschinell bearbeitbare Superkette zugeordnet werden.

Somit erkennen wir insgesamt, daß für fast alle MKS-Strukturen gelten muß, daß man entweder a priori deren Superketten maschinell bearbeiten kann, oder daß man sie maschinell bearbeitbar machen kann, indem man in der Abfolge der Elemente der Mengen M und Z diese durch die zugeordneten Elemente der Bildmengen ersetzt, also eine Parallelcodierung erstellt. Es gilt daher:

Satz 24 Für jede a priori nicht maschinell bearbeitbare Superkette kann die Parallelcodierung nur von Hand gewonnen werden.

Nun erscheint es denkbar, daß wir zunächst erkannt haben, daß die Ermittlung der endlichen Zahlenfolge $(Ch)_n$ nicht von Hand praktiziert werden kann, daß wir alsdann erkannt haben, daß wir auch nicht das erforderliche Maß an Handarbeit aufbringen können, um eine Parallelcodierung erstellen zu können.

Ferner erscheint denkbar, daß wir eine vorgegebene Superkette zwar maschinell bearbeiten können, jedoch die Durchführung der Bestimmung der endlichen Zahlenfolge $(Ch)_n$ auch maschinell unter ökonomischen Gesichtspunkten nicht ratsam ist, da die Menge D zu umfangreich ist. In beiden Fällen kann man sich entschließen, aus der Menge D aller Superkettenwerdungsstadien n nach bestimmten Kriterien eine bestimmt umfangreiche Teilmenge auszuwählen, und den Meßvorgang zur Ermittlung des Wertes für Ch nur noch an den ausgewählten Werdungsstadien der Superkette durchführt. Diese Möglichkeit gilt sowohl für die maschinelle wie die von Hand durchzuführende Bestimmung der Werte $(Ch)_n$ für die ausgewählten n. Freilich erhalten wir so nicht mehr die vollständige endliche Zahlenfolge $(Ch)_n$, sondern nur noch eine Teilfolge, uns geht also für den ersparten Arbeitsaufwand Information verloren. Über das vermutliche Aussehen der verlorenen Information können wir unter Verwendung der dazu vorgesehenen Methoden der Stichprobentheorie Aussagen treffen.

Kommen wir jetzt zu der anderen vorher aufgeworfenen Frage: Stellen wir uns zunächst vor, wir hätten eine endliche Zahlenfolge $(Ch)_n$ für alle Elemente n der Menge D

aus einer vorgegebenen Superkette bestimmt, wir hätten also gemäß Satz 19 ein Bild der
Menge D gegeben, und möchten nun wissen, unter welcher Abbildungsvorschrift dieses
Bild entstanden sein kann.

Was wir uns vorstellen, können wir in Schema 1 veranschaulichen: wir haben als gegeben zu denken:

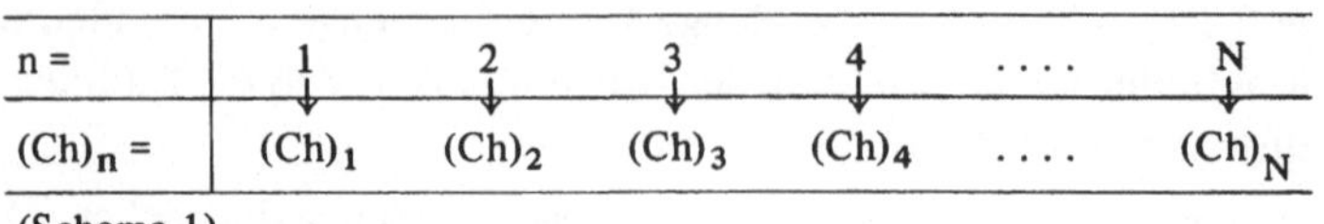

(Schema 1)

Rufen wir uns Gleichung (5) in Erinnerung zurück,

$$n \to (Ch)_n \text{ mit } (Ch)_n = f(n) \text{ für alle } n \in D \tag{5}$$

Wir fragen also nach dieser Abbildungsvorschrift $'f'$ gemäß welcher die endliche Zahlenfolge
$(Ch)_n$ als Bild der Menge D entstanden ist. Wir wollen weiter annehmen, daß die Betrachtung
der ermittelten endlichen Zahlenfolge zeigt, daß Ch ein evolutorisches Superkettencharakteristikum darstellt. Wir können freilich die Abbildungsvorschrift $'f'$ abschnittsweise definieren, so daß wir mittels dieser abschnittsweisen Definition die gewonnene Folge jederzeit
exakt rekonstruieren können. Doch wird, besonders dann, wenn die Folge streng monoton
für alle n der Menge D ist und D sehr umfangreich ist, eine solche abschnittsweise Definition
von $'f'$ in etwa identisch sein mit dem Schema 1.

Es ist denkbar, daß wir versuchen wollen, eine Abbildungsvorschrift $'g'$ zu finden, so
daß gilt:

$$n \to (\hat{Ch})_n \text{ mit } (\hat{Ch})_n = g(n) \text{ für } n \in D \tag{6}$$

wobei $(\hat{Ch})_n$ andeuten soll, daß wir für jedes Stadium der Superkettenwerdung n einen
Schätzwert für den tatsächlich zu dieser Stufe n gehörigen Wert $(Ch)_n$ gemäß der Abbildungsvorschrift $'g'$ gewinnen. Rein intuitiv werden wir dies natürlich nur dann durchführen
wollen, wenn wir die gemäß $'g'$ zu gewinnenden Schätzwerte als wirklich gute Schätzwerte
erachten können. Damit $'g'$ dies leistet, können wir, auch zunächst rein intuitiv, Forderungen an die Schätzwerte stellen: Die Summe der Schätzfehler bei Berücksichtigung des Vorzeichens soll null sein, die Summe der Schätzfehler ohne Berücksichtigung des Vorzeichens
soll möglichst gering ausfallen. Wie können wir nun $'g'$ bestimmen unter der Berücksichtigung dieser Forderungen? Die statistische Methodenlehre für Wirtschaftswissenschaften beinhaltet unter dem Kapitel $'$Zeitreihenanalyse$'$ verschiedene Methoden, die hier in Analogie
angewendet werden können.[7] Eine der dort vorgestellten Methoden ist die Methode der
kleinsten Quadrate, mittels derer wir die Parameter einer Vorschrift $'g'$ finden können, wobei uns die folgende Forderung erfüllt wird:

$$\sum_{n=1}^{N} \left\{ (Ch)_n - (\hat{Ch})_n \right\}^2 = \text{Minimum für alle } n \in D \tag{7}$$

Mittels der Methode der kleinsten Quadrate können aber nur die Parameter einer Vorschrift
$'g'$ bestimmt werden, so daß (7) gilt — über den Typ der Vorschrift muß man sich vorher
klar geworden sein: Soll sie beispielsweise vom Typ einer ganzen rationalen Funktion ei-

74

nes ganz bestimmten Grades sein, soll sie vom Typ einer gebrochenen rationalen Funktion sein?

Freilich wäre es zu wünschen, daß wir als Typ der Abbildungsvorschrift $'g'$ eine ganze rationale Funktion ersten Grades annehmen können, die wir dann exakt mittels der Methode der kleinsten Quadrate fixieren können. Einerseits ist der Rechenaufwand zur Bestimmung der Parameter gering, andererseits ist eine lineare Abbildungsvorschrift der Interpretation am leichtesten zugänglich. Nehmen wir an, die Betrachtung des Schemas 1 scheint das Unterstellen einer linearen Abbildungsvorschrift zu erlauben, so erhalten wir

$$n \to (\hat{Ch})_n \text{ mit } (\hat{Ch})_n = a + b \cdot n \text{ für } n \in D \tag{8}$$

Wobei sich die Parameter a und b bestimmen gemäß (9), damit die Forderung (7) erfüllt ist[8]:

$$b = \frac{12 \, \Sigma \, \{ (Ch)_n \cdot n \} \, - 6(N+1) \, \Sigma \, (Ch)_n}{N(N^2 - 1)} \tag{9}$$

$$a = \frac{1}{N} \, \Sigma \, (Ch)_n - \frac{b}{2} \, (N+1)$$

für alle $n \in D$.

Nun werden wir wahrscheinlich nur selten bei Betrachtung des Schemas 1 und bei Anblick einer zugehörigen Graphik sehr sicher sein können, daß wir tatsächlich die ermittelte endliche Zahlenfolge $(Ch)_n$ als eine im Durchschnitt arithmetische Folge erachten können. Die statistische Methodenlehre beinhaltet einerseits Methoden, die uns eine rechnerische Überprüfung der Linearität erlauben, sie beinhaltet andererseits Methoden, die unter der Überschrift $'$linearisierende Transformationen$'$ subsumiert sind.

Stellen wir uns jetzt vor, wir hätten aus den früher genannten Gründen nicht für alle Elemente n der Menge D den zugehörigen Wert für das numerische Superkettencharakteristikum Ch bestimmen können, sondern nur für eine zufällig, betont nach Zufallskriterien, bestimmte Teilmenge von D. Wir besitzen also nur einige durch den Zufall ausgewählte Wertepaare aller Wertepaare des Schemas 1. Wenn wir jetzt nach einer Vorschrift suchen, unter welcher wahrscheinlich die gesamte Zahlenfolge $(Ch)_n$ als Bild der Menge D entsteht, so können wir uns der statistischen Methoden der Regressionsanalyse und der Regressionsschätzungen bedienen. Eine selbst knappe Darstellung dieser Methoden muß aus Raumgründen unterbleiben.

Stattdessen rufen wir uns die Definition 11 ins Gedächtnis zurück. Wenn wir Satz 13 und 14 bedenken, die auf Definition 11 beruhen, so können wir bezüglich eines beliebigen numerischen Superkettencharakteristikums Ch erkennen:

Satz 25 Wenn der Erzeugung von Superketten die Vorschrift des idealen Standardfalls zugrunde liegt, so können wir jedes beliebige numerische Superkettencharakteristikum Ch als eine Zufallsvariable erachten, deren mögliche Realisationen a priori bekannt sein müssen, ebenso wie die Wahrscheinlichkeiten, mit welchen diese Zufallsvariable diese Realisationen annehmen wird.

Aus Satz 25 folgt

Satz 26 Bei Vorliegen des idealen Standardfalls stellt jedes numerische Superkettencharakteristikum eine Zufallsvariable mit a priori gegebenem Erwartungswert und a priori
gegebener Varianz dar.

Wenn wir demnach aus einer vorgegebenen Superkette einer bekannten MKS-Struktur für
eine bestimmte Stufe der Superkettenerzeugung n den zugehörigen Wert eines beliebigen
Superkettencharakteristikums $(Ch)_n$ bestimmen, so können wir bei der Unterstellung des
idealen Standardfalls als Erzeugungsvorschrift dieser Superkette eine Wahrscheinlichkeit
dafür berechnen, daß bei der Erzeugung einer Superkette gerade auf jener Stufe n das Superkettencharakteristikum gerade jenen Wert annehmen wird, den es in der vorgegebenen
Superkette angenommen hat. Wenn wir uns jetzt denken, daß dies sehr unwahrscheinlich
sein wird, wenn wir uns ferner vorstellen, daß wir beliebig viele Superketten derselben MKS-
Struktur vorgegeben haben, — und sämtliche weisen auf der Werdungsstufe n eben denselben Wert für Ch auf, — so werden wir rein intuitiv geneigt sein, die Hypothese, in dieser
MKS-Struktur werden die Superketten gemäß der Vorschrift des idealen Standardfalls erzeugt, abzulehnen. Insgesamt kommen wir durch diese Überlegungen, immer noch intuitiv,
zu der Meinung, daß wir aus vorgegebenen Superketten einer MKS-Struktur über die Ermittlung numerischer Superkettencharakteristika zu einer Erkenntnis über die Erzeugungsvorschrift gelangen, gemäß welcher Superketten in dieser MKS-Struktur erzeugt werden dürfen. Wir werden wohl zunächst prüfen können, ob die Vorschrift des idealen Standardfalls
gültig ist oder nicht, und wenn nicht, so werden wir weiter fragen, welche Faktoren die
Vorschrift des idealen Standardfalls als Erzeugungsvorschrift von Superketten in dieser
MKS-Struktur ausschließen. Es sei betont, daß diese letzten Überlegungen mehr oder weniger auf Intuition beruhen. Die exakte Erörterung dieser Überlegungen setzt eine Auseinandersetzung mit der Frage voraus, wann wir eine Superkette wirklich als gemäß der Vorschrift
des idealen Standardfalls entstanden erachten können. Diese Frage führt zur Beschäftigung
mit modernsten Arbeiten der Wahrscheinlichkeitstheorie[9]; im herkömmlichen maßtheoretischen Ansatz der Wahrscheinlichkeitstheorie kann man diese Frage nicht diskutieren, ein
kleines Indiz dafür sehen wir ja sofort aus der Definition des idealen Standardfalls: er beinhaltet ja, grob gesprochen, daß bei der solchermaßen reglementierten Superkettenerzeugung
von Superketten einer bestimmten Länge N jede theoretisch denkbare Superkette auch praktisch mit einer bestimmbaren Wahrscheinlichkeit eintreten wird, und diese Wahrscheinlichkeit muß für alle theoretisch denkbaren Superketten dieser Länge N gleich groß sein.

Wir wollen damit den Abschnitt mit der allgemeinen Beschäftigung mit numerischen
Superkettencharakteristika beschließen, der ja, wie zu seiner Einleitung betont wurde, vielleicht etwas daran krankte, daß wir noch kaum Beispiele für numerische Superkettencharakteristika kennengelernt haben. Indessen, nachdem wir diesen Abschnitt gelesen haben, können im nächsten, wo nun einzelne numerische Superkettencharakteristika erkannt werden
sollen, sofort die Sätze 25 und 26 berücksichtigt werden — und nach Beendigung des nächsten Abschnitts können wir sofort empirische Arbeiten durchführen, da wir dann bereits
wissen, wie die Analyse einzelner Superkettencharakteristika vorgenommen werden muß.

5. Einzelne numerische Superkettencharakteristika

Wir denken uns eine MKS-Struktur bestimmt und eine zu dieser MKS-Struktur gehörige Superkette als vorgegeben.[10]) Diese Superkette sei N Kettentokens lang, damit ist die Menge D aller Werdungsstadien n dieser Superkette bestimmt. Die vorgegebene Superkette stellt das Ergebnis von N aufeinanderfolgenden Ziehungen mit Zurücklegen von Ketten aus der Menge M^* dar, somit ist denkbar, daß nicht sämtliche Ziehungsergebnisse voneinander verschieden sind. Wir definieren:

DEF 23 Die Menge aller voneinander wohl zu unterscheidenden Ketten, welche in einer Superkette bei einem Werdungsstadium n auftauchen, sei symbolisiert durch V_n, ihr Umfang durch $(V)_n$. Die Menge V_n heiße die zu einem Werdungsstadium der Superkette gehörige Kettenmenge. $(V)_n$ werde gemessen in Kettentypes.

Mit dem zu einem bestimmten Werdungsstadium einer Superkette gehörigen Kettenmengenumfang haben wir ein numerisches Superkettencharakteristikum erkannt.

Gemäß Satz 25 können wir unter der hypothetischen Annahme des idealen Standardfalls als Erzeugungsvorschrift von Superketten dieses numerische Superkettencharakteristikum als eine Zufallsvariable betrachten. Diese Zufallsvariable möge die Realisationen a annehmen. Fragen wir uns, welche Werte a annehmen kann.

Offensichtlich kann während des Prozesses der Superkettenerzeugung $(V)_n$ höchstens immer gleich n sein, was bedeutet, daß jede Ziehung der bis zur Stufe n erfolgten n Ziehungen mit Zurücklegen ein neues, vorher niemals eingetretenes Ziehungsergebnis erbracht hat. Dies kann aber offensichtlich nur solange möglich sein, wie das Werdungsstadium der Superkette durch ein n indiziert wird, welches kleiner gleich dem Umfang der Kettenmenge der MKS-Struktur ist. Wenn während des Prozesses der Superkettenerzeugung n über (M^*) hinauswächst, muß der zugehörige Kettenmengenumfang $(V)_n$ kleiner n sein, er kann dann maximal gleich (M^*) sein. Letzteres würde bedeuten, daß alle Elemente des Kettenschatzes mindestens einmal im Verlaufe der Superkettenerzeugung beansprucht worden sind.

Im Moment des Beginns der Superkettenerzeugung, also bei n = 1, muß auch das zugehörige $(V)_1 = 1$ sein, denn egal welche Kette gezogen wird, sie wurde niemals früher während des Prozesses der Superkettenerzeugung gezogen, da der Prozeß ja eben erst begonnen hat. Es kann im weiteren Verlauf der Superkettenerzeugung gemäß der Vorschrift des idealen Standardfalls möglich sein, daß bei jeder beliebigen Ziehung n immer jene Kette als Ziehungsergebnis erscheint, welche das Ergebnis des ersten Zuges war, dies bedeutet, $(V)_n$ kann für beliebige Stadien der Superkettenerzeugung als kleinsten Wert den Wert 1 besitzen. Somit erkennen wir:

Satz 27 Die Zahlenfolge $(V)_n$ ist nach oben und unten beschränkt. Die obere Schranke wird durch den Wert (M^*) gegeben, die untere Schranke besitzt den Wert 1.

Somit können wir für die Zufallsvariable $(V)_n$ die folgenden Realisationen a erkennen:

$$1 \doteqdot a \doteqdot n \text{ falls } n \doteqdot (M^*)$$
$$1 \doteqdot a \doteqdot (M^*) \text{ falls } n \doteqdot (M^*) \tag{10}$$

Gemäß Satz 25 müssen wir bestimmen können, mit welchen Wahrscheinlichkeiten die diskrete Zufallsvariable $(V)_n$ ihre Realisationen a auf einer bestimmten Stufe n der Superkettenerzeugung annehmen wird. Wir fragen also nach der Wahrscheinlichkeitsverteilung der Zufallsvariablen $(V)_n$. Sie läßt sich nach kombinatorischen Überlegungen wie folgt angeben[11]:

$$\text{WKT}\ \{(V)_n = a\} = (M^*)^{-n} \cdot \binom{(M^*)}{a} \cdot a! \cdot \Omega^{(a)}_{(n-a)} \tag{11}$$

für a gemäß (10) auf einer bestimmten Stufe n der Superkettenerzeugung, $n \doteq (M^*)$.

Aus (11) können wir beispielsweise die Wahrscheinlichkeit dafür bestimmen, daß $(V)_n$ auf einer beliebigen Stufe der Superkettenerzeugung die Realisation a = 1 besitzt:

$$\text{WKT}\ \{(V)_n = 1\} = (M^*)^{-(n-1)} \tag{12}$$

Aus (11) können wir auch die Wahrscheinlichkeit dafür ablesen, daß $(V)_n$ auf einer beliebigen Stufe n der Superkettenerzeugung n die Realisation a = n annimmt:

$$\text{WKT}\ \{(V)_n = n\} = (M^*)^{-n} \cdot \binom{(M^*)}{n} \cdot n! \ \text{für } n \doteq (M^*) \tag{13}$$

Die Rechenarbeit, die (11) für bereits wenig große (M^*) Werte und wenig große Werte für n verursacht, ist durch die Größe Omega so bedeutend, daß sie von Hand nicht mehr durchführbar ist.[12]

In den Gleichungen (12) und (13) kommt Omega der Wert 1 zu, so daß hier die Rechenarbeit wesentlich leichter ausfällt. So mag sich der Leser davon überzeugen, daß bei hinreichend großem (M^*) und hinreichend fortgeschrittenem Stadium der Superkettenwerdung es ein nahezu unmögliches Ereignis ist, daß die Zufallsvariable $(V)_n$ noch die Realisation 1 besitzt. Ebenso kann man erkennen, daß bei hinreichend großem (M^*) es zunächst ein nahezu sicheres Ereignis darstellt, daß auf jeder der anfänglichen Stadien der Superkettenerzeugung $(V)_n$ die Realisation a = n besitzt, was dann mit zunehmender Länge der zu erzeugenden Superkette zunehmend unwahrscheinlicher wird.

Wir wollen damit die Erörterung der Zufallsvariablen $(V)_n$ abbrechen, kehren zurück zum numerischen Superkettencharakteristikum $(V)_n$. Wir können dieses Charakteristikum benutzen, um weitere numerische Superkettencharakteristika zu definieren:

DEF 24   Der Quotient von n und $(V)_n$ einer Superkette im Werdungsstadium n mit $(V)_n$ als Divisor heiße die Token-Type-Relation der Ketten in einer Superkette auf der Werdungsstufe n. Sie sei symbolisiert durch TTR_n.

DEF 25   Der Quotient von n und $(V)_n$ einer Superkette auf der Stufe n mit n als Divisor heiße die Type-Token-Relation der Ketten in einer Superkette a ˆ der Werdungsstufe n und werde symbolisiert durch TTR_n^{-1}.

DEF 26   Der Quotient von $(V)_n$ und (M^*) einer gegebenen Superkette im Werdungsstadium n mit (M^*) als Divisor heiße Ausschöpfungsgrad der Ketten bei der Superkettenerzeugung auf der Stufe n. Er werde symbolisiert durch ASG_n.

Wir können diese Definitionen auch formal darstellen:

$$TTR_n := \frac{n}{(V)_n} \tag{14}$$

$$TTR_n^{-1} := \frac{(V)_n}{n} \tag{15}$$

$$ASG_n := \frac{(V)_n}{(M^*)} \tag{16}$$

Wir haben drei weitere numerische Superkettencharakteristika gewonnen. Jedes dieser Charakteristika kann wie vorher als Zufallsvariable erachtet werden, wir können nach den Realisationen fragen, nach der Wahrscheinlichkeit, mit welcher diese Realisationen angenommen werden. Dies sei dem Leser überlassen, was deshalb leicht durchgeführt werden kann, da die numerischen Superkettencharakteristika der Definitionen 24 bis 26 auf dem Charakteristikum $(V)_n$ basieren, welches ja ausführlicher behandelt wurde. Überlegen wir stattdessen, welche Aussage die eben definierten Maßzahlen beinhalten. Aus ASG_n kann ersichtlich werden, zu welchem Anteil bei jedem Stadium n der Superkettenerzeugung der Kettenschatz der zugehörigen MKS-Struktur beansprucht wurde. Diese Aussage ist direkt aus der Definition erkennbar. Auch die Aussage von TTR_n^{-1} kann in etwa aus der Definition erkannt werden. Diese Maßzahl stellt für jedes Stadium der Superkettenerzeugung den Anteilswert der voneinander wohl zu unterscheidenden Ketten an der Gesamtzahl aller überhaupt bis zum Stadium n gezogenen Ketten dar.

Indessen kann die Aussage von TTR_n nicht so ohne weiteres aus der Definition gefolgert werden. Um die Aussage der TTR_n kennenzulernen, machen wir eine im Moment zusammenhanglos anmutende Definition:

DEF 27 Jedem Element der Menge V_n einer Superkette im Werdungsstadium n werde ein Merkmalswert x zugeordnet, welcher angibt, wie häufig ein Element der Menge V_n in der zugehörigen Superkette im Werdungsstadium n auftaucht.

Führen wir an einer Superkette in einem bestimmten Werdungsstadium n die Zuordnung von Merkmalswerten x zu den Elementen der Menge V_n gemäß Definition 27 durch, so entsteht ein Kollektiv von Merkmalswerten. Dieses Kollektiv von Merkmalswerten kann mit den Methoden der statistischen Kollektivmaßlehre beschrieben werden. Eine der statistischen Kollektivmaßzahlen ist das arithmetische Mittel, definiert als Summe der Merkmalswerte dividiert durch ihre Anzahl. Offensichtlich muß die Anzahl der Merkmalswerte identisch sein mit $(V)_n$. Ordnen wir die Merkmalswerte des Kollektivs ihrer Größe nach, ordnen danach dem ersten Wert des geordneten Kollektivs den Index $j = 1$, dem zweiten den Index $j = 2$, usw. bis zum letzten den Index $j = (V)_n$ zu, so können wir die durchschnittliche Merkmalsausprägung $\bar{x}_n$ gemäß der Definition des arithmetischen Mittels wie folgt berechnen:

$$\bar{x}_n = \frac{\sum_{j=1}^{(V)_n} x_j}{(V)_n} \tag{17}$$

Wie diese durchschnittliche Merkmalsausprägung zu interpretieren ist, folgt aus der Definition des Merkmalswertes x; demnach gilt:

Das arithmetische Mittel $\bar{x}_n$ der Gleichung (17) gibt die durchschnittliche Verwendungshäufigkeit der Kettentypes einer Superkette im Werdungsstadium n Kettentokens wieder. Betrachten wir Gleichung (17), so erkennen wir:

Satz 28 Die Summe aller Merkmalswerte x_j muß identisch sein mit dem Wert n.

Daraus folgt, — wir stellen es formal dar —:

$$\bar{x}_n = TTR_n \tag{18}$$

Damit erkennen wir die Aussage, die wir mit TTR_n treffen können: TTR_n besitzt dieselbe Aussage wie $\bar{x}_n$. Aus diesem folgt weiter:

Satz 29 Das numerische Superkettencharakteristikum TTR_n stellt eine von vielen statistischen Kollektivmaßzahlen für das Kollektiv dar, welches gemäß Definition 27 gewonnen werden kann.

Wir können also gemäß der statistischen Kollektivmaßlehre zu TTR_n beliebige weitere numerische Superkettencharakteristika definieren, welche einerseits natürlich eine Superkette numerisch beschreiben, welche andererseits dies eine Charakteristikum TTR_n näher beschreiben; beispielsweise durch die Angabe von Maßzahlen der Streuung.

Wir haben jetzt schon eine ganze Reihe von numerischen Superkettencharakteristika kennengelernt, die sämtlich aus dem Charakteristikum 'Kettenmengenumfang einer Superkette im Werdungsstadium n' abgeleitet wurden. Wir überlegen jetzt in eine etwas andere Richtung: Jede Kette des Kettenschatzes M^* ist von einer erkennbaren Länge i, i = 1, 2, ..., I. Betrachten wir eine vorgegebene Superkette einer bestimmten MKS-Struktur bei einem bestimmten Werdungsstadium n.

Offensichtlich können wir die Länge einer jeden Kette in der Superkette des Werdungsstadiums n als ein dieser Kette eigenes Merkmal betrachten. Wir können das Merkmal Kettenlänge in seiner Ausprägung i bei jeder Kette der Superkette, bzw. bei jeder Kette der zu dieser Superkette gehörigen Kettenmenge feststellen und der Kette zuordnen. Somit entstehen zwei verschiedene Kollektive von Merkmalswerten i, welche jeweils in einer Häufigkeitsverteilung dargestellt werden können wie folgt. Dabei gehen wir von einer Superkette im Werdungsstadium n aus und der zu dieser Superkette im Werdungsstadium n gehörigen Kettenmenge V_n und ordnen jedem Kettentoken der Superkette den Merkmalswert i für die Länge des Kettentokens zu, jedem Kettentype der Kettenmenge den Merkmalswert i für die Länge des Kettentypes zu.

Kettentokens		*Kettentypes*	
i	$f_{i(to)_n}$	i	$f_{i(ty)_n}$
1	$f_{1(to)_n}$	1	$f_{1(ty)_n}$
2	$f_{2(to)_n}$	2	$f_{2(ty)_n}$
3	$f_{3(to)_n}$	3	$f_{3(ty)_n}$
⋮	⋮	⋮	⋮
I	$f_{I(to)_n}$	I	$f_{I(ty)_n}$

$f_{i(to)_n}$ bedeutet die Häufigkeit, mit welcher Kettentokens der Länge i in der Superkette im Stadium n Kettentokens vorkommen.

$f_{i(ty)_n}$ bedeutet die Häufigkeit, mit welcher Kettentypes der Länge i in der zu einer Superkette im Stadium n gehörigen Kettenmenge $(V)_n$ vorkommen.

Es ist einleuchtend, daß die Summe aller den einzelnen Merkmalswerten i zugeordneten Häufigkeitswerte der Kettentokens identisch sein muß mit dem Wert n; ferner, daß die Summe aller den einzelnen Merkmalswerten i zugeordneten Häufigkeitswerte der Kettentypes identisch sein muß mit dem Wert für den Umfang der Kettenmenge $(V)_n$. Für beide Kollektive von Merkmalswerten können wir die statistischen Kollektivmaßzahlen bestimmen, wir beschränken uns auf die arithmetischen Mittel:

$$\overline{i}_{(ty)_n} = \frac{\Sigma i \cdot f_{i(to)_n}}{n} \quad \text{Summe über } i = 1, 2, \ldots, I \tag{19}$$

(10) stellt ein numerisches Superkettencharakteristikum dar, welches als durchschnittliche Länge der Kettentokens in einer Superkette im Werdungsstadium n zu interpretieren ist.

$$\overline{i}_{(ty)_n} = \frac{\Sigma i \cdot f_{i(ty)_n}}{(V)_n} \quad \text{Summe über } i = 1, 2, \ldots, I \tag{20}$$

(19) stellt ein weiteres numerisches Superkettencharakteristikum dar, es ist als durchschnittliche Länge der Kettentypes der Kettenmenge einer im Werdungsstadium n befindlichen Superkette zu interpretieren.

Zu den numerischen Superkettencharakteristika, formal angegeben in (19) und (20), können jeweils beliebige weitere hinzu definiert werden, gemäß den in der statistischen Kollektivmaßlehre bekannten Kollektivmaßzahlen. Wir können jetzt weitere numerische Superkettencharakteristika erkennen, wenn wir uns an die Ableitung der numerischen Superkettencharakteristika TTR_n, TTR_n^{-1} und ASG_n erinnern.

So können wir definieren, was hier nur formal erfolgen soll:

$$TTR_{(i)n} := \frac{f_{i(to)_n}}{f_{i(ty)_n}} \tag{21}$$

stellt die durchschnittliche Wiederholungsrate der i Elemente m_t langen Kettentypes in einer Superkette des Werdungsstadium n dar. Zu (21), das folgt in Analogie zu der Erörterung von TTR_n, können weitere statistische Kollektivmaßzahlen als numerische Superkettencharakteristika definiert werden.

$$TTR_{(i)n}^{-1} := \frac{f_{i(ty)_n}}{f_{i(to)_n}} \tag{22}$$

$$ASG_{(i)n} := \frac{f_{i(ty)_n}}{Mi} \tag{23}$$

Die Interpretation der durch (22) und (23) definierten numerischen Superkettencharakteristika kann aus früheren Ausführungen in Analogie geschlossen werden, sie gilt hier für eine jeweilige Kettenlänge i.

Weitere numerische Superkettencharakteristika erkennen wir, wenn wir als solche die Prozentsätze der bestimmt langen Kettentokens einer im Stadium n befindlichen Superkette inbezug auf die Zahl n aller Kettentokens definieren, bzw. der bestimmt langen Kettentypes inbezug auf den Umfang $(V)_n$ Kettentypes der Kettenmenge V_n. Wir wollen hier die Erörterung der numerischen Superkettencharakteristika langsam beenden. Wir könnten weitere entdecken, doch dies sei dem Leser überlassen, wir wollen lediglich noch die Richtung angeben, in welche diese zu suchen sind. Wir haben eben eine beträchtliche Zahl numerischer Superkettencharakteristika erkannt, indem wir allen Kettentokens einer im Werdungsstadium n befindlichen Superkette, andererseits allen Kettentypes der zu dieser Superkette gehörigen Kettenmenge V_n jeweils einen bestimmt definierten Merkmalswert, nämlich den Merkmalswert i zugeordnet haben. Es wäre denkbar, daß wir den Kettentokens, bzw. den Kettentypes, andere Merkmalswerte zuordnen, alsdann methodisch wie hier vorgehen, sprich die Methoden der statistischen Kollektivmaßlehre anwenden, um die so zu bildenden Kollektive von Merkmalswerten numerisch beschreiben zu können. Solche Merkmalswerte könnten beispielsweise all jene numerischen Kettencharakteristika sein, die wir in Analogie zu diesem Abschnitt, in dem wir ja nur numerische Superkettencharakteristika erörterten, finden können; also beispielsweise eine durchschnittliche Verwendungshäufigkeit der Zeichen usw.

Es erlaubt der Raum nicht, die vorher abgeleiteten numerischen Superkettencharakteristika als Zufallsvariable zu betrachten und nach deren Wahrscheinlichkeitsverteilung zu suchen. Überhaupt haben wir wenig zur wahrscheinlichkeitstheoretischen Beleuchtung der Superkettenbildung ausgesagt. Sie stellt insgesamt einen zufälligen Versuch dar, wenn wir die Vorschrift des idealen Standardfalls unterstellen, der unter den verschiedensten Blickwinkeln jeweils bestimmbar bestimmt oder unbestimmt ist. Im Hinblick auf das nachfolgende Kapitel mit empirischen Arbeiten, sei zu dem eben gesagten als Ausblick für dieses Kapitel ein kleines Beispiel gegeben.

Dazu definieren wir einen zufälligen Versuch, welcher bei Unterstellen des idealen Standardfalls während des Prozesses der Erzeugung einer Superkette stattfindet:

DEF 28 Der zufällige Versuch W bestehe darin, bei einer n-ten Ziehung einer Kette aus der Menge M^* dann das Ereignis e zu notieren, wenn die gezogene Kette niemals früher gezogen wurde, bzw. dann das Ereignis $\bar{e}$ zu notieren, wenn die gezogene Kette bereits früher mindestens einmal gezogen wurde.

Wir erkennen, der Versuch W kann, solange $n \doteq (M^*)$ ist, grundsätzlich zwei und nur zwei Ausgänge, nämlich den Ausgang e und den Ausgang $\bar{e}$, haben, mit Ausnahme der ersten Ziehung bei Beginn der Superkettenerzeugung, denn in diesem Fall kann der Versuch nur den Ausgang e nehmen, dies ist einleuchtenderweise ein sicheres Ereignis. Wir erkennen:

Satz 30 Die Wahrscheinlichkeit, daß der Versuch W in einem n-ten Zug den Ausgang e nimmt, ist verschieden für alle n. Daraus folgt, daß der Versuch W nicht als Grundlage eines Bernoulliprozesses verstanden werden darf.

Es gilt als Wahrscheinlichkeit dafür, daß W in einem n-ten Zug den Ausgang e, bzw. den Ausgang $\bar{e}$ nimmt:

$$WKT_n \{e\} = \left(\frac{(M^*) - 1}{(M^*)} \right)^{n-1} \text{für } n \doteq (M^*) \tag{24}$$

$$WKT_n \{\bar{e}\} = 1 - \left(\frac{(M^*) - 1}{(M^*)} \right)^{n-1} = 1 - WKT_n \{e\} \tag{25}$$

Aus Satz 30 und den obigen Gleichungen (24) und (25) ergibt sich

Satz 31 Der zufällige Versuch W ist für jede n-te Ziehung unterschiedlich bestimmt.

Als Maß für die Bestimmtheit des Versuches W bei der n-ten Ziehung einer Kette aus dem Kettenschatz M^* wählen wir die Entropie. Für die Entropie des Versuches W bei der n-ten Ziehung gilt:[13])

$$H_n(W) = - \{WKT_n \{e\} \cdot ldWKT_n \{e\} + WKT_n \{\bar{e}\} \cdot ldWKT_n \{\bar{e}\}\} \tag{26}$$

Es sei nochmals betont, daß der Passus von Definition 28 bis zur Gleichung (26) bei hypothetischer Annahme des idealen Standardfalls während des Prozesses der Superkettenerzeugung gilt.

Wenn wir eine große Zahl Superketten einer bestimmten MKS-Struktur vorgegeben haben, so können wir versuchen zu bestimmen, ob beispielsweise der Versuch W während des Prozesses der Erzeugung von Superketten in dieser MKS-Struktur eben jene Bestimmtheitsverhältnisse erkennen läßt, wie sie bei Vorliegen des idealen Standardfalls als Vorschrift der Reglementierung der Superkettenerzeugung in dieser MKS-Struktur vorherrschen müßten. Unter diesem Blickwinkel erkennen wir eine weitere Möglichkeit der Suche nach einer eventuell uns völlig unbekannten Erzeugungsvorschrift der Superkettenerzeugung in dieser MKS-Struktur.

Mit diesem Versuch W haben wir nur ein Beispiel geben wollen für verschiedenste zufällige Versuche, die bei Annahme des idealen Standardfalls während der Superkettenerzeugung durchgeführt werden. Es sollte der Versuch W und seine kurze Erörterung den vorher gesagten Satz verdeutlichen, daß wir die Superkettenerzeugung gemäß der Vorschrift des idealen Standardfalls als einen zufälligen Versuch betrachten können, der unter den verschiedensten Blickwinkeln jeweils bestimmbar bestimmt ist. Dabei war auch diese Verdeutlichung nur umrißartig, denn wir könnten an diesem Versuch W auch noch verdeutlichen, daß wir für die Ausgänge von W bei einer n-ten Ziehung einer Kette aus M^* eine bedingte Wahrscheinlichkeit für das Eintreten eines der beiden Ausgänge berechnen können, unter der Bedingung, daß im (n−1)-ten Zug der Versuch W einen bestimmten Ausgang genommen hat. So hätten wir, über die bedingte Entropie, uns fragen können welches Maß an Unbestimmtheit der Versuch W bei einer n-ten Ziehung verliert, wenn wir über den Ausgang von W bei der (n−1)-ten Ziehung informiert sind. Mit diesen abschließenden Bemerkungen wollen wir in dieser Arbeit die Erörterung von einzelnen numerischen Superkettencharakteristika beschließen. Wir erkennen insgesamt, daß wir wirklich nur einige Beispiele mehr oder weniger gründlich bearbeiten konnten. Es ist zu hoffen, daß es in diesem Absatz als gelungen betrachtet werden kann, daß man mit hinreichender Arbeitszeit und hinreichendem Darstellungsraum eine mög-

lichst totale systematisch geordnete Darstellung der denkbaren numerischen Superkettencharakteristika erarbeiten kann, daß man für sie sämtlich — bei hypothetischer Annahme
des idealen Standardfalls — jeweils eine Wahrscheinlichkeitsverteilung a priori bestimmen
kann.

6. Ein Beispiel

Die Definition der MKS-Struktur ist so allgemein gehalten, daß man beliebig viele
Beispiele für sie erfinden bzw. im täglichen Leben finden kann. Wir wollen hier als Beispiel
in Definitionen eine Menge M und eine Menge Z bestimmen:[14]

DEF 6.1.   Unter dem Begriff Sprache verstehen wir in diesem Beispiel die deutsche geschriebene Sprache der letzten hundert Jahre.

DEF 6.2.   Die Menge M der MKS-Struktur dieses Beispiels sei die Menge aller Alphabetzeichen dieser Sprache.

DEF 6.3.   Die Menge Z sei die Menge aller Trennzeichen dieser Sprache.

Wir erkennen, daß für unser Beispiel gilt:

Satz 6.1.   Superketten dieser zum Beispiel gewählten MKS-Struktur müssen maschinell
bearbeitbar sein, denn die disjunkten Mengen M und Z dieses Beispiels sind jeweils Teilmengen der Menge R.

Wir wollen die Erörterung der numerischen Superkettencharakteristika dieser MKS-Struktur beschränken auf ein einziges Superkettencharakteristikum, nämlich den Umfang der
Kettenmenge vorgegebener Superketten. Wir werden dabei manchmal ein weiteres numerisches Superkettencharakteristikum, die durchschnittliche Wiederholungsrate der Kettentypes einer vorgegebenen Superkette zu Hilfe ziehen. Bezüglich der vorgegebenen Superketten dieser zum Beispiel gesetzten MKS-Struktur erkennen wir:

Satz 6.2.   In dieser MKS-Struktur können wir beliebig viele Superketten als vorgegeben
betrachten.

Bezüglich dieser vorgegebenen Superketten definieren wir:

DEF 6.4.   Eine vorgegebene Superkette der beispielhaft gewählten MKS-Struktur heiße
ein Text der deutschen geschriebenen Sprache der letzten hundert Jahre, kurz
Text genannt.

Bezüglich der Ketten, die in einer vorgegebenen Superkette vorkommen, definieren wir:

DEF 6.5.   Die in einer vorgegebenen Superkette der beispielhaft gewählten MKS-Struktur
auftauchenden Ketten seien Wörter genannt.

In der letzten Definition[15] verzichteten wir auf eine präzise Formulierung wie in Definition
6.4., wir haben grundsätzlich gemäß Definition 6.1. vor Augen, daß wir unter Sprache immer
einen dort definierten Ausschnitt verstehen. Wenn also von irgend einem sprachlichen Phänomen gesprochen wird, so immer nur vor dem Hintergrund der Definition 6.1.

In der MKS-Struktur gilt:

$$(M) = 26 \tag{27}$$

Um den Umfang der Menge M^* ermitteln zu können, müssen wir wissen, bis zu welcher Klasse maximal zwecks Kettenbildung Variationen mit Wiederholung gebildet werden dürfen. Eine Beobachtung beliebig vieler vorgegebener Superketten zeigt, daß anscheinend keine Ketten mit einer Länge größer als 40 Elemente der Menge M gefunden werden können.[16] Wenn wir diesen Wert für I annehmen, so bestimmt sich der Umfang der Kettenmenge gemäß

$$(M^*) = \sum_{i=1}^{40} (M)^i \qquad (28)$$

Wir wollen den exakten Wert, der sich aus (28) errechnet, nicht bestimmen, halten lediglich eindrucksmäßig fest, daß (M^*) eine immens große Zahl darstellt. Diese Zahl ist so groß, daß wir erkennen, daß eine einzelne vorgegebene Superkette dieser MKS-Struktur wohl niemals einen Wert für die Länge N annehmen wird, welcher größer dem Wert für (M^*) ist. Dies bewirkt, daß in einer vorgegebenen Superkette der Umfang der Kettenmenge grundsätzlich einen Wert annehmen kann, der kleiner gleich dem Wert für die Länge der Superkette ist.

Wir wollen uns jetzt beschäftigen mit dem numerischen Superkettencharakteristikum 'Kettenmengenumfang' bzw. 'Wortschatzumfang' (gemäß Definition 6.5.) einer zur beispielhaft gewählten MKS-Struktur gehörigen Superkette.

Wir können zunächst versuchen zu erörtern, ob die Erzeugung von Superketten in dieser MKS-Struktur gemäß der Vorschrift des idealen Standardfalls reglementiert ist.

In einer Hypothese unterstellen wir diese Vorschrift. Ferner wollen wir annehmen, daß der Umfang der Kettenmenge größer als 100 000 000 sei, eine Zahl, die wesentlich unter jener gemäß (28) zu berechnenden liegt; nun fragen wir nach der Wahrscheinlichkeit für das Ereignis e bei Durchführen des Versuches W (gemäß Definition 28) bei bestimmten Stadien der Texterzeugung gemäß der Vorschrift des idealen Standardfalls. Wir erhalten gemäß Gleichung (24) die nachfolgend aufgeführten Wahrscheinlichkeiten, wobei in der Berechnung $(M^*) = 100\ 000\ 000$ angenommen wurde:

WKT $\{e\}_{10\ 000} > 0,999999990$

WKT $\{e\}_{20\ 000} > 0,999899995$

WKT $\{e\}_{50\ 000} > 0,999600069$

WKT $\{e\}_{100\ 000} > 0,999100394$

WKT $\{e\}_{200\ 000} > 0,998101793$

Wir erkennen, daß bei der Texterzeugung gemäß der Vorschrift des idealen Standardfalls es ein nahezu sicheres Ereignis darstellt, daß selbst bei schon recht fortgeschrittenen Stadien der Textwerdung wir beim Schreiben eines n-ten Wortes, gezogen aus M^*, dieses Wort niemals früher geschrieben haben.

Wenn wir gemäß Gleichung (26) für jedes beliebige Stadium der Texterzeugung die zugehörige Entropie des Versuches W berechnen, so erkennen wir, daß der Versuch W nahezu völlig bestimmt ist, was ja sofort einleuchtend ist, wenn man die obigen Wahrscheinlichkeiten betrachtet.

Ohne an beliebig vielen vorgegebenen Superketten der gewählten MKS-Struktur den Beweis hier wiederzugeben, erkennen wir, daß in dieser MKS-Struktur die Texte mit an

Sicherheit grenzender Wahrscheinlichkeit nicht gemäß der Vorschrift des idealen Standardfalls erzeugt werden. An beliebig vielen Texten kann nachgewiesen werden, daß das Ereignis $\bar{e}$ schon in frühen Stadien der Texterzeugung eintritt, und mit zunehmenden Textwerdungsstadien zunehmend häufiger eintritt. Dies gilt, wie gesagt, für eine beliebig große Zahl von vorgegebenen Superketten dieser MKS-Struktur, so daß eben mit nahezu absoluter Sicherheit die Hypothese der Gültigkeit des idealen Standardfalls als Reglementierungsvorschrift der Superkettenerzeugung verworfen werden kann. Wenn nun insgesamt in dieser MKS-Struktur die Vorschrift des idealen Standardfalls nicht gilt, so kann sie

a) nicht gelten bei der Erzeugung von Ketten, wohl aber von Superketten

b) gelten bei der Erzeugung von Ketten, nicht aber von Superketten

c) nicht gelten sowohl bei der Erzeugung von Ketten als auch von Superketten.

Wenn der Fall a) vorliegt, so hat die Ungültigkeit des idealen Standardfalls eventuell zur Folge, daß manche oder viele Elemente des Kettenschatzes dieser MKS-Struktur nicht entstehen können, sprich, daß es das unmögliche Ereignis ist, bestimmte und bestimmt viele Ketten zu erzeugen. Aus der Analyse einzelner vorgegebener Superketten wissen wir, daß der Umfang jener Teilmenge der Menge M^* mit Ketten, deren Entstehung kein unmögliches Ereignis darstellt, sicher größer ist als 10 000. Nehmen wir an, diese Teilmenge sei exakt 10 000 Kettentypes umfangreich und vergleichen jetzt die Bestimmtheitsverhältnisse des Versuches W im Verlaufe der Superkettenwerdung, gemäß der Vorschrift des idealen Standartfalls mit jenen Bestimmtheitsverhältnissen, welche aus einer großen Zahl vorgegebener Superketten gewonnen wurde. Dieser Vergleich soll in Bild 1 zum Ausdruck gebracht werden. In diesem Bild sind einerseits die Bestimmtheitsverhältnisse, numerisch beschrieben durch den Wert für die Entropie des Versuches W bei der n-ten Ziehung einer Kette aus M^*, für zwei angenommene Umfänge der Menge M^*, nämlich $(M^*) = 10^4$ und $(M^*) = 10^8$ dargestellt bei Annahme des idealen Standardfalls, andererseits bei Beobachtung einer großen Zahl von vorgegebenen Superketten der gewählten MKS-Struktur. Das Bild 1 zeigt deutlich,

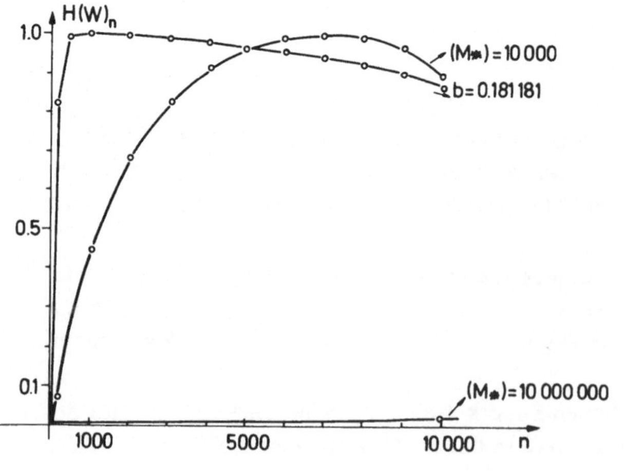

Bild 1

daß der Versuch W bei der tatsächlichen Erzeugung von Superketten in dieser MKS-Struktur wesentlich andere Bestimmtheitsverhältnisse aufweist, als dies bei Gültigkeit des idealen Standardfalls beim Ziehen von Ketten aus M^* der Fall sein müßte: Schon in frühen Stadien der Texterzeugung wird der Versuch W wesentlich unbestimmter, als dies bei angenommenem $(M^*) = 10^4$ und unterstelltem idealen Standardfall sein dürfte, was darauf zurückzuführen ist, daß im Gegensatz zur Auswirkung des idealen Standartfalls der Ausgang $\bar{e}$ des Versuches W schon in frühen Stadien der Superkettenerzeugung dermaßen zunehmend wahrscheinlicher wird, daß der Versuch W recht genau im Stadium n = 1000 Kettentokens W die maximale Unbestimmtheit erlangt, während dies bei Vorliegen des idealen Standardfalls erst bei n = 6993 Kettentokens der Fall ist. Da nun, wie vorher betont, die Menge aller Ketten, deren Bilden in dieser MKS-Struktur kein unmögliches Ereignis ist, bedingt durch empirische Beobachtung, sicher umfangreicher als 10^4 Kettentypes sein wird, wird der skizzierte Unterschied zwischen den beobachteten Bestimmtheitsverhältnissen und den gemäß der Vorschrift des idealen Standardfalls bei der Superkettenbildung geltenden in der vorgefundenen Diskrepanz noch gravierender. Somit erkennen wir, daß der oben genannte Fall a) in dieser MKS-Struktur nicht gilt, so daß wir uns weiter fragen können, ob der Fall b) oder c) als gültig zu erachten ist.

Doch bevor wir uns dieser Frage zuwenden, wollen wir versuchen, ob wir eine Regel erkennen können, gemäß welcher sich der Umfang der Kettenmenge während des Prozesses der Superkettenerzeugung in dieser MKS-Struktur entwickelt. Wir suchen eine Abbildungsvorschrift für

$$n \rightarrow (\hat{V})_n \tag{29}$$

das heißt, wir suchen eine Abbildungsvorschrift, gemäß welcher ein Schätzwert für den Kettenmengenumfang den einzelnen Stadien n der Superkettenerzeugung in dieser MKS-Struktur zugeordnet werden kann.

Wir bestimmen zunächst einmal an einem einzelnen Text die endliche Zahlenfolge $(V)_n$; wir wählen den Text 'Homo Faber' von Max Frisch. Zunächst bestimmen wir die Menge D und erhalten:

$$D = \{\, n \mid n \doteq 56\,695 \,\} \tag{30}$$

Zur Analyse wurde der Rechner eingesetzt, was ja gemäß Satz 6.1. als möglich erkannt wurde. Nun ist D so umfangreich, daß es unter ökonomischen Gesichtspunkten nicht zu vertreten ist, die vollständige endliche Zahlenfolge $(V)_n$ aus dem vorgegebenen Text zu analysieren, weshalb wir zufällig einige Elemente der Menge D wählen und für die so gewählten Stadien n der Textwerdung des vorgegebenen Textes den zugehörigen Kettenmengenumfang ermitteln. Gleichzeitig wollen wir auch den Wert für TTR bestimmen, der der jeweiligen Stufe der Textwerdung zugeordnet ist. Nach der Durchführung der Analyse können wir das Ergebnis in Analogie zum Schema 1 wie folgt, aus Gründen des Platzes nur ausschnittsweise wiedergeben.

n	$(V)_n$	TTR_n
200	129	1,5503
241	149	1,6174
484	247	1,9595
691	367	1,8828
932	454	2,0528
1175	532	2,2086
1381	608	2,2713
$\vdots$	$\vdots$	$\vdots$
56695	8477	6,6880

Wir erkennen, daß beide numerischen Superkettencharakteristika von evolutorischer Natur sind. Wir wollen jetzt versuchen, für beide Superkettencharakteristika eine Abbildungsvorschrift zu finden, welche möglichst gute Schätzwerte liefert.

Wir finden eine lineare Abbildungsvorschrift für

$$n \to T\hat{T}R_n \quad \text{für } n \in D \tag{31}$$

wenn wir die Methode der kleinsten Quadrate anwenden, nachdem wir n und TTR_n wie folgt transformiert haben:

$$n \to \lg n \quad \text{und} \quad TTR_n \to + \sqrt{\lg TTR_n} \tag{32}$$

die sich wie folgt berechnet:

$$\lg n \to + \sqrt{\lg \hat{T}TR_n} \quad \text{mit} \quad + \sqrt{\lg \hat{T}TR_n} = a + b \lg n \quad \text{für } n \in D \tag{33}$$

$$\text{wobei:} \quad a = 0,009600$$
$$b = 0,189440$$
$$\text{ferner:} \quad r = 0,974078$$
$$s_a^2 = 0,032632$$
$$s_b^2 = 0,011362$$

Es sei vermerkt, daß (33) für den Text 'Homo Faber' gilt. Bilden wir mittels des errechneten Wertes für den Schätzwert der Varianz des Ordinatenabschnitts ein durch hinreichende Sicherheit gekennzeichnetes Vertrauensintervall, innerhalb dessen jener Wert für den Ordinatenabschnitt liegen wird, den wir erhalten hätten, wenn wir für alle n die Analyse von TTR_n durchgeführt hätten, so erkennen wir, daß der hier errechnete Wert für a anscheinend nur sehr zufällig verschieden ist von Null. Wenn wir nun a = 0 setzen, so erkennen wir, daß der Schätzwert, den wir auf der Stufe n = 1 für TTR_1 berechnen können, dem empirischen und von der Theorie des Sachverhaltes vorgegebenem Wert entspricht. Wir können die allgemeine Form von (33) nach $(\hat{V})_n$ explizit machen und erhalten $n \to (\hat{V})_n$ mit:

$$(\hat{V})_n = 10^{-a^2} \cdot n^{1-b \, (2a + b\lg n)} \quad \text{für } n \in D \tag{34}$$

Hieraus folgt, falls a = 0 gesetzt wird:

$$(\hat{V})_n = n^{1-b^2 \lg n} \quad \text{für } n \in D \tag{35}$$

Wir erkennen, daß (35) nur einen einzigen Parameter enthält, nämlich b. Somit könnten
wir den Wert dieses Parameters erhalten, wenn wir ein einziges Wertepaar $(n, (V)_n)$, welches
für den Text 'Homo Faber' gültig ist, in (35) einsetzen, so daß eine Bestimmungsgleichung
für b aus (35) resultiert.

Setzen wir beispielsweise jenes Wertepaar ein, welches für $n = N$ gilt:

$$N = 56\ 595 \qquad (V)_N = 8\ 477 \tag{36}$$

so errechnen wir für b gemäß (35):

$$b = 0{,}191\ 111 \tag{37}$$

Wenn wir diesen Wert für b in die Vorschrift (35) einsetzen, so können wir versuchen, den
einzelnen Stadien der Textwerdung des Textes 'Homo Faber' einen Schätzwert für den, —
den einzelnen Stadien zugeordneten — Kettenmengenumfang zu bestimmen. Wir führen
dies auf jenen Stadien der Textwerdung durch, für welche wir früher den tatsächlichen
Kettenmengenumfang analysiert haben und erhalten das folgende Ergebnis:

n	$(V)_n$	$(\hat{V})_n$	Schätzfehler
200	129	128	-1
241	149	150	$+1$
484	247	265	$+18$
691	367	352	-17
932	454	445	-9
1175	532	533	$+1$
1381	608	604	-4
$\vdots$	$\vdots$	$\vdots$	$\vdots$
56695	8477	8477	0

Diesen eben vorgeführten Versuch können wir in gleicher Weise an anderen vorgegebenen
Texten durchführen, wir erhalten anscheinend immer analoge Ergebnisse, das heißt, wir
erkennen immer, daß wir mittels (35) den tatsächlich den einzelnen Stadien der Textwerdung zugeordneten Kettenmengenumfang recht genau abschätzen können, wobei meistens
der Schätzfehler keine Systematik erkennen läßt[18] und bei zunehmendem Stadium der
Textwerdung absolut abnimmt. Aus Platzgründen sei dies hier nicht dargestellt, wir werden
später noch aus einer anderen Perspektive die Gültigkeit von (35) in der gewählten MKS-
Struktur prüfen. Die Gleichung (35) stellt offensichtlich eine Regel dar, gemäß welcher sich
der Wert des evolutorischen Superkettencharakteristikums 'Kettenmengenumfang' mit zunehmendem Stadium der Superkettenerzeugung ändert, wobei der einzelne Erzeuger Einfluß auf diese Regel ausüben kann, dieser Einfluß äußert sich im Wert des Parameters b.
Solche Einflüsse, welche durch den Texterzeuger auf den Wert von b ausgeübt werden,
können begründet sein in der Thematik des Textes, welcher erzeugt werden soll, können
begründet sein durch den sozio-ökonomischen Datenkranz des Erzeugers. Wir mögen uns
fragen, welchen Wert der Parameter b annehmen wird, wenn wir uns eine Texterzeugung
vorstellen, auf welche durch den Erzeuger sicher kein Einfluß ausgeübt wird.

Da uns keine Superkette in dieser MKS-Struktur vorgegeben ist, für welche wir sagen könnten, daß der Erzeuger keinen Einfluß auf die Erzeugung gehabt hätte, wollen wir annehmen, daß wir einen Wert für den Parameter b bestimmen, der einen Mittelwert vieler Werte b je einer vorgegebenen Superkette darstellt. Wir bestimmen also einen Wert für den Parameter b, von welchem wir aussagen können, daß in diesem Wert alle Einflüsse durch die Texterzeuger zum Durchschnitt gebracht sind, sich gegenseitig aufheben.

Dies setzt voraus, daß wir eine große Zahl von vorgegebenen Superketten besitzen, welche als repräsentativ für sämtliche mögliche Einflußarten durch Texterzeuger erachtet werden dürfen.

Es ist natürlich verwegen, als solche Gesamtheit von Texten das sogenannte Mannheimer Korpus des IDS zu wählen. Doch des Beispiels wegen sei das hier getan. Das Institut für deutsche Sprache gestattete mir den Erwerb von Wertepaaren $(n, (V)_n)$ auf der Stufe $n = N$ von 18 bislang zur Verfügung stehenden Texten, so daß ich zu 18 Werten für den Parameter b kam, nämlich[19]:

Text[20]	b
TEMP	0,199 393
NAT	0,190 955
BETR	0,177 828
STUD	0,175 973
MAGD	0,194 785
WEHRDICH	0,186 855
KAP	0,174 415
URANIA	0,168 296
EXOVO	0,187 979
HOMO	0,191 111
POETIK	0,182 905
WELT	0,172 463
BIWI	0,168 538
MASS	0,191 566
OLE	0,174 916
ATOMB	0,192 453
BLECH	0,172 893
FAZ	0,181 889

Für den Mittelwert all dieser Werte für den Parameter b der vorgegebenen Texte gilt, wobei der Mittelwertbildung die Gleichung des arithmetischen Mittels zugrunde liegt:

$$\bar{b} = 0,182\ 511$$

$$s_b^2 = 0,000\ 089 \tag{38}$$

Wir bestimmen ein 99,2 %iges Konfidenzintervall, für jenen Wert β von dem wir behaupten können, in ihm kämen alle Einflüsse der Texterzeuger auf die Erzeugung von Text in dieser MKS-Struktur zum Durchschnitt. Es ergibt sich:

$$0,176\ 623 \doteq \beta \doteq 0,188\ 399 \tag{39}$$

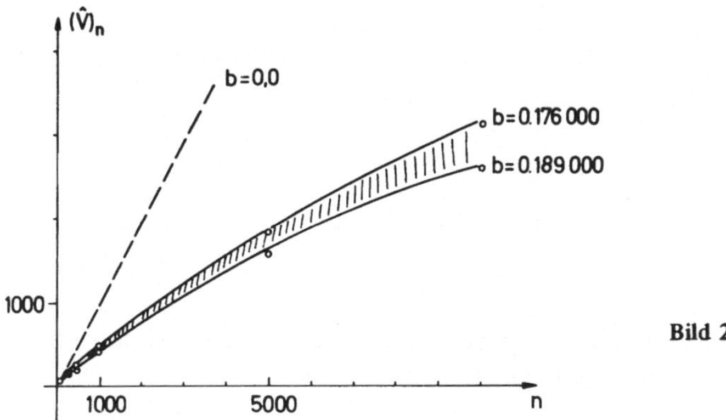

Bild 2

In Bild 2 erkennen wir eine graphische Darstellung von Gleichung (35), wobei wir in (35) einerseits die aus (39) ersichtliche Untergrenze, andererseits die aus (39) ersichtliche Obergrenze eingetragen haben. Wenn wir in (35) jenen Wert für den Parameter b einsetzen, den wir als Mittelwert aller IDS-Texte gewonnen haben, so liegt der Graph natürlich innerhalb des gestrichelten Bereiches. Wenn wir b = 0,182 511 als Wert für den Parameter in (35) einsetzen, so können wir den Graphen extrapolieren, beispielsweise können wir uns fragen, welcher Schätzwert für den Kettenmengenumfang wir errechnen können aus

$$(\hat{V})_n = n^{1-(0,182511)^2 \lg n} \quad \text{für } n = 10\,910\,777 \tag{40}$$

wir erhalten:

$$(\hat{V})_{10910777} = 244\,325 \tag{41}$$

Der in (40) angenommene Wert für n ist nicht zufällig so gewählt, vielmehr stellt dieser Wert genau jene Länge der Superkette dar, welche wir erhalten, wenn wir die einzelnen Texte, welche Kaeding zu einem Korpus zusammensuchte, uns linear aneinandergereiht vorstellen. In der so gedachten Superkette kommen wohl auch Einflüsse einzelner Texterzeuger zum Durchschnitt, weshalb wir annehmen dürfen, daß wir vermittels (40) den Kettenmengenumfang, den wir aus der Superkette Kaedings vorgegeben haben, recht genau abschätzen können. In der Tat beträgt der Schätzfehler nur 5,36 %, wobei wir bedenken müssen, daß wir beispielsweise gemäß Bild 2 die Kurve um das 1000fache der Abszisse extrapoliert haben.

Die vorgegebenen Daten der Kaeding'schen Zählung lauten:

$$N = 10\,910\,777 \quad (V)_N = 258\,173 \tag{42}$$

Daraus resultiert als Wert für den Parameter b

$$b = 0,181\,181 \tag{43}$$

Wenn wir diesen Wert für b, welcher zentral im 99,2 %igen Konfidenzintervall für β liegt, in (35) einsetzen, so müßten wir in der Lage sein, für die vorgegebenen 18 Texte den theoretischen Kettenmengenumfang zu berechnen, der vorhanden sein müßte, wenn auf die Texterzeugung der Autor keinen Einfluß ausübt. Da nun der Autor aber Einfluß ausübt, werden wir uns natürlich erheblichen Abweichungen der einzelnen theoretischen von den zugehörigen empirischen Werten gegenübersehen, doch, wenn schon in dieser Gesamtheit von 18 Texten insgesamt die Einflußnahme der Autoren zum Durchschnitt kommt, so müssen wir erwarten, daß die Summe der Differenzen nur wenig oder gar nicht verschieden sein wird von Null.[21]

Wir führen diesen Versuch durch, wir bestimmen also gemäß

$$(\hat{V})_n = n^{1-(0,181181^2)\,lgn} \tag{44}$$

den Kettenmengenumfang der einzelnen Texte auf der Textwerdungsstufe n = N und erhalten die folgende Tabelle, die in Bild 3 veranschaulicht wird.

Text	N	$(V)_N$	$(\hat{V})_N$	$(\hat{V})_N - (V)_N$
TEMP	8 452	2 060	2 635	+ 575
NAT	13 082	3 153	3 634	+ 481
BETR	23 941	5 940	5 619	− 321
STUD	25 253	6 341	5 836	− 505
MAGD	38 287	6 111	7 826	+ 1 715
WEHRDICH	40 534	7 352	8 144	+ 792
KAP	41 742	9 356	8 312	− 1 044
URANIA	45 501	11 053	8 826	− 2 227
EXOVO	55 596	8 901	10 138	+ 1 237
HOMO	56 695	8 477	10 275	+ 1 798
POETIK	56 887	9 968	10 539	+ 571
WELT	62 711	12 966	11 012	− 1 954
BIWI	68 279	14 806	11 671	− 3 135
MASS	70 316	9 658	11 905	+ 2 247
OLEBIEN	106 410	17 939	15 756	− 2 183
ATOMBO	194 326	17 892	23 464	+ 5 572
BLECHT	200 966	29 005	23 985	− 5 020
FAZ	212 643	24 468	24 885	+ 417
KAED10	910 777	258 173	258 173	0

Was wir vor Durchführung des Versuches als Ergebnis vermuteten, hat sich eingestellt: In den einzelnen Texten weicht der gemäß (44) berechnete Kettenmengenumfang oft erheblich vom beobachteten ab, die Summe der absoluten Abweichungen beträgt 31 794 Kettentypes. Indessen beträgt die Summe der Abweichungen bei Berücksichtigung des Vorzeichens 984 Kettentypes. Somit können wir nach diesen weiteren Versuchen für jenes Ergebnis, welches wir in Gleichung (35) zum Ausdruck brachten, vermuten, daß wir mit (35) eine Regel gefunden haben, gemäß welcher sich der Kettenmengenumfang in der hier gewählten MKS-Struktur während des Prozesses der Erzeugung von Superketten, also von Texten, ändert, wobei diese Regel einen Parameter enthält, dessen Wert aus der individuellen Einflußnahme des Autors resultiert. Wir wollen uns deshalb (35) jetzt genauer vor Augen halten.

92

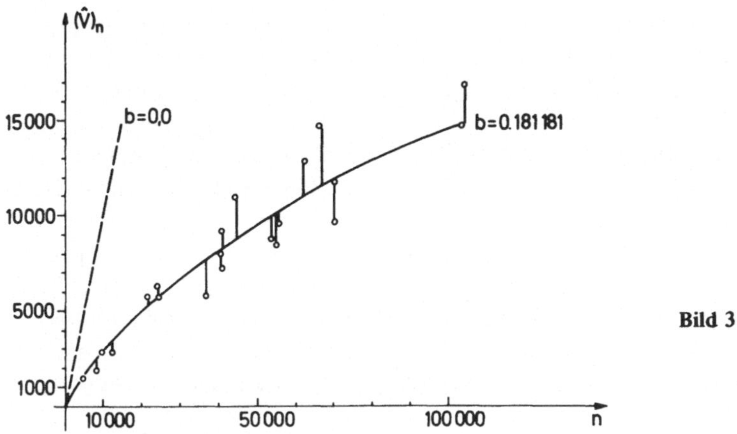

Bild 3

Wir hatten erkannt, daß in den Superketten dieser MKS-Struktur von der Theorie des Sachverhaltes her der Wert für den Kettenmengenumfang einer Superkette maximal gleich dem Wert für das jeweilige Stadium der Superkettenerzeugung sein kann. Dies würde bedeuten, daß b = 0 sein muß, wenn in einer Superkette der Kettenmengenumfang auf jeder Stufe der Superkettenerzeugung den maximal möglichen Wert annehmen soll. In den Bildern 1 und 2 haben wir zum Vergleich auch den Graphen von (35) eingezeichnet mit dem Wert Null für den Parameter b.

Von der Theorie des Sachverhaltes her wissen wir, daß zu n = 1 grundsätzlich $(V)_1 = 1$ sein muß, wir erkennen, daß (35) für beliebige reelle Zahlenwerte b dieser Notwendigkeit gerecht wird. Wenn wir das $(\hat{V})_n$ bei zunehmendem n betrachten, so erkennen wir, daß es streng monoton wächst mit abnehmender Zuwachsrate bis zu einem bestimmten n_{Max}, welchem ein maximaler Zahlenwert $(\hat{V})_{n\,Max}$ als größter Wert der Zahlenfolge $(\hat{V})_n$ zugeordnet wird. Dabei gilt:

$$n_{Max} = 10^{\frac{1}{2b^2}} \quad \text{und} \quad (\hat{V})_{n\,Max} = 10^{\frac{1}{4b^2}} \tag{45}$$

Wenn n über den Wert n_{Max} hinauswächst, so beginnt die Zahlenfolge $(\hat{V})_n$ streng monoton zu fallen, was von der Theorie des Sachverhaltes her nicht sein darf, da ja der während des Prozesses der Superkettenerzeugung einmal erreichte Werte für den Kettenmengenumfang niemals mehr unterschritten werden kann. Deshalb definieren wir die Regel, gemäß welcher sich der Schätzwert für den Kettenmengenumfang während des Prozesses der Texterzeugung entwickelt, abschnittsweise wie folgt:

$$n \rightarrow (\hat{V})_n \text{ mit } (\hat{V})_n = \begin{cases} n^{1-b^2\lg n} & \text{für } n \leq 10^{\frac{1}{2b^2}} \\[2ex] 10^{\frac{1}{4b^2}} & \text{für } n > 10^{\frac{1}{2b^2}} \end{cases} \tag{46}$$

93

Durch diese abschnittsweise Definition der Regel setzen wir, daß (V) gegen einen maximalen Wert strebt, wenn n zunimmt, und diesen maximalen Wert beibehält, ab einem berechenbaren n_{Max}. Wir erkennen aus (46), daß für beliebige reelle Zahlenwerte des Parameters b die endliche Zahlenfolge $(V)_n$ streng monoton wächst von n = 1 bis n = n_{Max}, wobei die diesen beiden Werten n zugeordneten Zahlenwerte für den Schätzwert des Kettenmengenumfangs die untere und obere Schranke der in (46) definierten Zahlenfolge darstellen. Dabei gilt für die obere Schranke:

$$(\hat{V})_{n\,Max} = +\sqrt{n_{Max}} \tag{47}$$

Es ergibt sich jetzt die Frage, gegen welchen Wert für die obere Schranke die Zahlenfolge $(\hat{V})$ strebt, wenn wir für b beispielsweise jenen Wert einsetzen, welchen wir für die Kaeding' sche Superkette auf der Stufe n = N bestimmt haben. Wir erhalten, wenn wir in (45) b den Wert 0,181 181 geben:

$$n_{Max} = 10^{15,231596} \quad (\hat{V})_{n\,Max} = 10^{7,615798} \tag{48}$$

Was besagt nun dieser in (48) gewonnene Wert für $(\hat{V})_{n\,Max}$, etwa 41 000 000 Kettentypes. Nehmen wir an, er stelle einen Schätzwert für jenen Umfang der Menge solcher Ketten dieser MKS-Struktur dar, welche bei Zugrundelegung eines 'durchschnittlichen Erzeugers' gemäß den Vorschriften in dieser MKS-Struktur gebildet werden können. Diese Zahl ist erheblich kleiner als der Umfang der Menge M^* dieser MKS-Struktur, weshalb wir aus dieser Sicht einen Anhaltspunkt dafür gewonnen haben, daß der Erzeugung von Ketten in dieser MKS-Struktur ebenfalls nicht die Vorschrift des idealen Standardfalls zugrunde liegen kann, so daß wir den früher gebildeten Fall b) ablehnen zugunsten der Annahme des Falls c): In der als Beispiel gewählten MKS-Struktur ist anscheinend mit beinahe absoluter Sicherheit weder das Erzeugen von Ketten noch von Superketten gemäß der Vorschrift des idealen Standardfalls reglementiert. Diese MKS-Struktur besitzt demnach eine Reglementierung, welche verschieden ist von der Vorschrift des idealen Standardfalls, und damit den idealen Standardfall ausschließt. Wir haben eine kleine Regel ermittelt, nämlich eine Regel, gemäß welcher ein guter Schätzwert für den den einzelnen Stadien der Superkettenerzeugung zuzuordnenden Wert für das numerische Superkettencharakteristikum 'Kettenmengenumfang' bestimmt wird. Diese Regel haben wir in Gleichung (46) formal dargestellt.

Wir wollen die Ausführungen zum numerischen Superkettencharakteristikum 'Kettenmengenumfang' beschließen mit einem weiteren Versuch. Wenn (46) als in dieser MKS-Struktur gültige Regel erachtet wird, so können wir als Wahrscheinlichkeit für den Ausgang e des Versuches W (gemäß Definition 28) bei Durchführung einer n-ten Ziehung eines Elementes aus M^* eine in dieser MKS-Struktur gültige Wahrscheinlichkeit berechnen gemäß:

$$WKT_n\{e\} = n^{-b^2\,lgn} \tag{49}$$

Diese Gleichung (49) mit einem bestimmten Wert für den Parameter b legten wir in Bild 1 zugrunde, um die Bestimmtheitsverhältnisse des Versuches W bei Vorliegen des idealen Standartfalls zu vergleichen mit den tatsächlichen Bestimmtheitsverhältnissen, welche in der gewählten MKS-Struktur für den Versuch W anscheinend gelten.

Wir können uns den auf einer Stufe n vorhandenen Wert $(V)_n$ für den Kettenmengenumfang auch in dieser MKS-Struktur als eine zufällig Veränderliche vorstellen. Wir können nach der Wahrscheinlichkeitsverteilung dieser Zufallsvariablen fragen, welche in dieser gewählten MKS-Struktur als gültig erachtet werden kann, da sie, soweit man beobachten kann, der Empirie nicht entgegensteht.

Für die Realisationen a, welche $(V)_n$ annehmen kann, gilt Gleichung (10).

Um überhaupt einen Überblick zu bekommen, welche Realisationen $(V)_n$ wirklich annimmt in dieser MKS-Struktur, sei folgendes Experiment durchgeführt. Wir nehmen von einigen vorgegebenen Texten jeweils die Anfänge bis zu n = 2 000 Kettentokens. Nun zerlegen wir in der Abfolge der Textwerdung jeden dieser Anfänge in 10 Teile à 200 Kettentokens, so daß insgesamt wir eine bestimmte Menge von jeweils 200 Kettentokens langen Superketten erhalten. Für dieses Experiment nehmen wir folgende Texte: NAT, MAGD, BLECH, BIWI, MASS, FAZ, TEMP, HOMO und WELT. Für die 90 je 200 Kettentokens langen Superketten ermitteln wir den jeweils zu einer der 90 Superketten zugehörigen Kettenmengenumfang $(V)_n$; das Ergebnis dieser Analyse sei in der folgenden Häufigkeitsverteilung mit gruppierten Merkmalswerten wiedergegeben und in Bild 4 veranschaulicht.

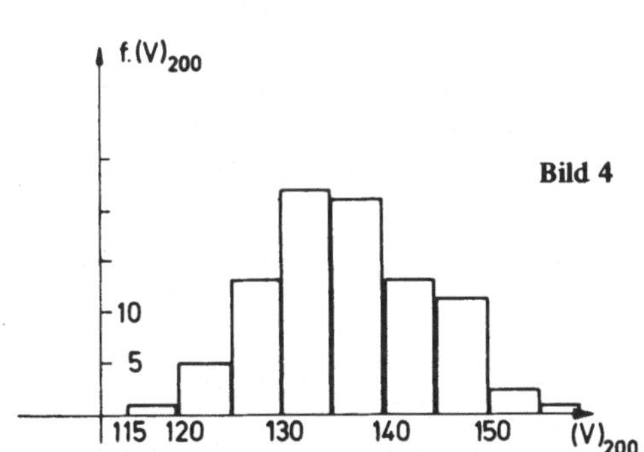

$(V)_{200}$	$f(V)_{200}$
115–119	1
120–124	5
125–129	13
130–134	22
135–139	21
140–144	13
145–149	12
150–154	2
155–159	1
$\Sigma =$	90

Der Mittelwert aller Werte b, die zu den gewählten 9 Texten gehören beträgt $\bar{b} = 0{,}184\,843$.

Jetzt können wir die relativen Häufigkeiten der einzelnen $(V)_{200}$-Klassen ermitteln, indem wir jede der in der obigen Tabelle enthaltenen Klassenbelegungen $f(V)_{200}$ mit 1/90 multiplizieren.

Wir versuchen, die so empirisch gewonnenen relativen Häufigkeiten durch theoretische zu ersetzen, gemäß einer Wahrscheinlichkeitsverteilung der Zufallsvariablen $(V)_{200}$. Für diese Zufallsvariable sei eine Binomialverteilung angenommen:

$$\text{WKT}\,\{(V)_{200} = a\} = \binom{200}{a}\left(\frac{(\hat{V})_{200}}{200}\right)^a \cdot \left(1 - \frac{(\hat{V})_{200}}{200}\right)^{200-a} \tag{50}$$

Das $(\hat{V})_n$ in (50) berechnet sich gemäß (46), wobei wir für b den Mittelwert aller Parameterwerte b der gewählten 9 Texte nehmen, also $\bar{b} = 0{,}184\ 843$. Fassen wir die Realisationen a zu jenen Gruppen zusammen, welche wir in der obigen Häufigkeitsverteilung gebildet haben, so können wir die Wahrscheinlichkeiten dafür, daß die Zufallsvariable $(V)_{200}$ eine Realisation annimmt, welche in eine bestimmte Gruppe fällt, aus dem Bild 5 entnehmen. In diesem Bild 5 sind die durch den Ansatz (50) ermittelten Säulen für die Wahrscheinlichkeit der einzelnen Gruppierungen der Realisationen a schraffiert. Gleichzeitig enthält das Bild 5 auch den Eintrag der relativen Häufigkeiten, welche aus der obigen Häufigkeitsverteilung bestimmt wurden. Wir erkennen aus Bild 5, daß die empirische Beobachtung es als möglich erscheinen läßt, daß die Zufallsvariable $(V)_{200}$ in dieser MKS-Struktur angenähert binomialverteilt sein könnte.

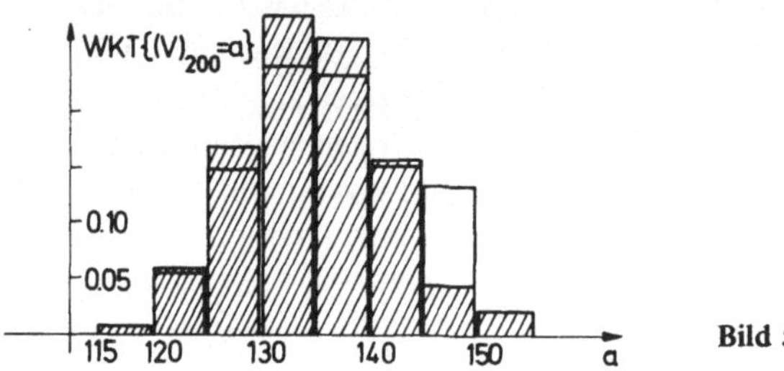

Bild 5

Daß sie nicht exakt binomialverteilt sein kann, folgt zum Beispiel aus der Tatsache, daß eine binomialverteilte Zufallsvariable mit einer Wahrscheinlichkeit größer Null auch die Realisation Null annehmen kann, was jedoch für die Zufallsvariable $(V)_{200}$ von der Theorie des Sachverhaltes her unmöglich ist. Doch ist für die in (50) angegebene Wahrscheinlichkeitsverteilung die Wahrscheinlichkeit dafür, daß eine Zufallsvariable $(V)_{200}$ die Realisation Null annimmt gegeben durch:

$$\mathrm{WKT}\left\{(V)_n = 0\right\} = 10^{-94{,}7} \tag{51}$$

also praktisch gleich der Wahrscheinlichkeit des unmöglichen Ereignisses. Die Wahrscheinlichkeit dafür, um ein weiteres Beispiel für (50) zu geben, daß die Zufallsvariable $(V)_{200}$ eine Realisation annimmt, welche kleiner gleich 100 ist, wird gegeben durch:

$$\mathrm{WKT}\left\{(V)_{200} \leq 100\right\} = 0{,}99573 \cdot 10^{-6} \tag{52}$$

Wir können (50) verallgemeinern, um die Wahrscheinlichkeitsverteilung einer Zufallsvariablen $(V)_n$ zu finden, welche vielleicht in der gewählten MKS-Struktur gilt, und erhalten:

$$\mathrm{WKT}\left\{(V)_n = a\right\} = \binom{n}{a} \cdot \left(\frac{(\hat{V})_n}{n}\right)^a \cdot \left(\frac{n-(\hat{V})_n}{n}\right)^{n-a} \tag{53}$$

mit $(\hat{V})_n$ gemäß Gleichung (46)

Natürlich besteht in (53) wieder eine kleine Ungenauigkeit: Als Realisationen für $(V)_n$ kommen Werte a gemäß Gleichung (10) in Betracht. Da eine binomialverteilte Zufallsgröße

96

auch die Realisation Null annehmen kann, ergibt (53) 'nur' mit einer immens großen Annäherung eine Wahrscheinlichkeitsverteilung, denn Summe von (53) über alle a ist vernachlässigbar verschieden von 1 (siehe zum Beispiel (51)). Der Erwartungswert für die Zufallsvariable $(V)_n$ bei Zugrundelegung von (53) als Wahrscheinlichkeitsverteilung wird gegeben durch:

$$E \{ (V)_n \} = (\hat{V})_n = n^{1 - b^2 \lg n} \tag{54}$$

Der zuletzt dargestellte Versuch und die dargestellte Wahrscheinlichkeitsverteilung sind Ansätze für weitere Arbeiten, sie sollen als nichts Endgültiges verstanden werden. Für umfangreiche Testarbeiten kann man von einer grundlegenden Tabelle ausgehen, welche man sich vermittels (53) und (54) erstellen kann, indem man einerseits alternative Werte n für einzelne Stadien der Texterzeugung wählt, andererseits alternative Werte für den Parameter b. So kann man bei einem bestimmten b zu jeder Stufe der Textwerdung eine bestimmte Teilmenge der Menge aller Realisationen bestimmen, für welche die Wahrscheinlichkeit dafür, daß die Zufallsvariable 'Kettenmengenumfang' auf der bestimmten Stufe der Textwerdung gerade eine Realisation der in der Teilmenge enthaltenen Realisationen annimmt, frei wählbar groß ist. Wir können eine solche Tabelle aus Raumgründen nicht für verschiedene Werte des Parameters b wiedergeben, wir wählen b = 0,181 181 und bestimmen jetzt die Erwartungswerte von $(V)_n$ für alternative n sowie eine Teilmenge der Menge aller möglichen Realisationen dergestalt, daß mit einer Wahrscheinlichkeit von 0,999 die Zufallsvariable $(V)_n$ bei einem bestimmten n eine der in der Teilmenge zusammengefaßten Realisationen annehmen wird.

b = 0,181 181

n	$(V)_n$	E $(V)_n$	Teilmenge der Realisat.
100	$(V)_{100}$	74	56– 87
200	$(V)_{200}$	134	107– 155
300	$(V)_{300}$	187	155– 215
400	$(V)_{400}$	240	201– 271
500	$(V)_{500}$	288	245– 324
1000	$(V)_{1000}$	506	445– 558
5000	$(V)_{5000}$	1776	1646–1889
10000	$(V)_{10000}$	2984	2807–3135

Wenn ein Text von einem Erzeuger erstellt wird, welcher vermittels einem Wert für den Parameter b = 0,181 181 auf die Regel (46) bestimmend wirkt, so wird in dieser MKS-Struktur der zu den jeweiligen Stadien n der Texterzeugung zugeordnete Umfang der Kettenmenge mit einer Wahrscheinlichkeit von 0,999 zufällig einen Wert annehmen, welcher Element der in der obigen Tabelle wiedergegebenen Teilmenge aller Realisationen ist. Betrachten wir diese Teilmenge als ein Konfidenzintervall, innerhalb dessen wir Abweichungen des gemäß (46) abgeschätzten Wertes für den Kettenmengenumfang vom tatsächlichen Kettenmengenumfang als durch den Zufall bedingt betrachten, so erlaubt es uns (53), falls die-

se Wahrscheinlichkeitsverteilung wirklich in dieser MKS-Struktur als gute Näherung angenommen werden darf, das gemeinsame Wirken von Zufall und Texterzeuger auf die Regel
(46) zu fassen, gemäß welcher man den einzelnen Stadien der Texterzeugung einen jeweiligen Schätzwert für den Kettenmengenumfang zuzuordnen hat.

Um diese Aussage mit hinreichender Sicherheit als wirklich gültig in der von uns hier
gewählten MKS-Struktur erachten zu dürfen, bedarf es weit umfangreicherer Untersuchungs-
arbeiten, als sie hier vorgestellt, als sie bislang überhaupt unternommen wurden. Das Ergebnis der bisherigen Arbeiten zum Superkettencharakteristikum 'Kettenmengenumfang' in
der gewählten MKS-Struktur bekräftigen die hier vorgestellten Ergebnisse, so daß insgesamt
die Vermutung, die hier gewonnenen Ergebnisse gelten anscheinend in der gewählten MKS-
Struktur, inzwischen auf etwas festere Beine gestellt werden kann. Es ist nicht der Platz, um
nunmehr die praktische Relevanz der gewonnenen Ergebnisse zu diskutieren, weshalb nur
knappe Andeutungen in diese Richtung gemacht seien.

Die gewonnene Gleichung (53) kann zur Grundlage gemacht werden für jegliche Richtungen stichprobenartiger Wortschatzarbeiten. Sie ermöglicht beispielsweise das Abschätzen
von Wortschatzumfängen bestimmter Fachsprachen, sie ermöglicht ein Kosten-Nutzen-Den-
ken bei dem Versuch der Dokumentation dieser Fachsprachen.[22] Die Gleichung (53) kann
Grundlage sein für die Konstruktion eines Reglers, der eine maschinelle Generierung von
Text kontrolliert: sollte während des Prozesses der maschinellen Texterzeugung der Kettenmengenumfang einer bestimmten Stufe der Textwerdung einen Wert annehmen, welcher außerhalb eines bestimmt gewählten Konfidenzintervalls liegt, so kann automatisch
auf jene Stufe der Textwerdung zurückgesprungen werden, auf welcher der Wert für den
Kettenmengenumfang in bestimmt zugelassener Weise vom Erwartungswert zufällig abge-
wichen ist, und von dieser Stufe an erfolgt die Generierung von neuem.

Mit diesen wenigen Sätzen zur praktischen Arbeit mit der gefundenen Regel, gemäß
welcher sich der Kettenmengenumfang während des Prozesses der Erzeugung einer Superkette in dieser gewählten MKS-Struktur ändert, wollen wir den Abschnitt 6. beenden. In
diesem Abschnitt interpretierten wir ein bestimmtes sprachliches Phänomen, nämlich Text,
als MKS-strukturiert und haben dann eine einzige der diesem Phänomen eigenen numerischen Eigenschaften, da es eine Superkette ist, einer etwas ausführlicheren Analyse unter-
zogen. In gleicher Weise könnten wir die Analyse all jener numerischen Superkettencharakteristika durchführen, welche einem Text innewohnen, um somit ein möglichst vollständi-
ges Bild der numerischen Aspekte dieser Superkette zu erhalten. Aus den bisherigen Arbeiten, welche in dieser Richtung unternommen wurden, konnte immer wieder ermittelt werden, daß strenge Regeln über die Erzeugung der Superketten in dieser MKS-Struktur walten,
auf welche der einzelne Erzeuger und der Zufall in bestimmbarer Weise Einfluß ausüben.

7. Statt eines Schlusses

Lange noch nicht haben wir alle Möglichkeiten der numerischen Beschreibung einer
Superkette erschöpft. Stellen wir uns beispielsweise vor, wir hätten für verschiedene numerische Superkettencharakteristika jeweils aus einer vorgegebenen Superkette deren end-

liche Zahlenfolge bestimmt. Diese Vorstellung können wir uns wieder in einem Schema, dem Schema 2, veranschaulichen.

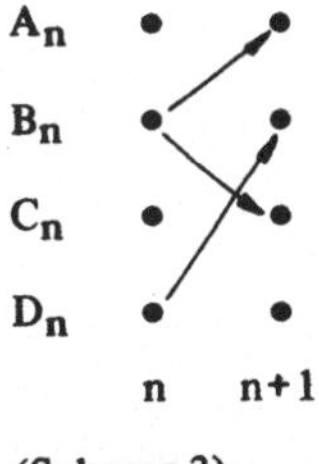

n =	1	2	3	4	. . .	N
$A_n =$	a_1	a_2	a_3	a_4	. . .	a_N
$B_n =$	b_1	b_2	b_3	b_4	. . .	b_N
$C_n =$	c_1	c_2	c_3	c_4	. . .	c_N
$D_n =$	d_1	d_2	d_3	d_4	. . .	d_N

(Schema 2)

In diesem Schema 2 stehen die Buchstaben A, B, C und D für bestimmte Superkettencharakteristika. Deren Zahlenfolge sollen durch den Index n symbolisiert sein. Jeder Wert, der für ein bestimmtes Charakteristikum auf einer bestimmten Stufe der Superkettenwerdung ermittelt wurde, soll symbolisiert sein durch einen kleinen Buchstaben mit jenem Index der zugehörigen Werdungsstufe der Superkette.

In dieses Schema sind nun einige Pfeile eingezeichnet worden. Diese sollen anschaulich machen, daß wir aus der Betrachtung parallel angeordneter endlicher Zahlenfolgen erkannt haben, daß eine immer gleiche funktionale Beziehung zwischen dem Wert für das Charakteristikum D einer Stufe n und dem Wert für das Charakteristikum B der Stufe $(n+1)$ besteht. Ferner erkannten wir, daß eine funktionale Beziehung zwischen den Werten der Charakteristika A und C einer Stufe n und dem Wert des Charakteristikums B der Stufe $(n-1)$ besteht.

Da diese als erkannt unterstellten funktionalen Beziehungen für alle Stadien der Superkettenerzeugung gelten sollen, da sie ferner nur je zwei aufeinanderfolgende Stadien beanspruchen, können wir das Erkannte statt wie in Schema 2 kürzer in Schema 3 veranschaulichen:

A_n

B_n

C_n

D_n

    n   n+1

(Schema 3)

Dies Schema 3 genügt vollkommen, um die im Schema 2 veranschaulichten Funktionalzusammenhänge darzustellen. Es ist selbstverständlich, daß wir auch funktionale Interdependenzen erkennen können, welche sich eventuell über mehr als zwei Stadien der Superkettenwerdung erstrecken.

Wir können uns überlegen, ob wir den erkannten funktionalen Interdependenzen auch kausale zugrunde legen können. Wir wollen annehmen, aber wohlgemerkt nur annehmen,

daß ein noch nicht erreichtes Stadium der Superkettenerzeugung nicht verursachend auf
den Charakter des gerade erreichten Stadiums wirken kann. Unter dieser Annahme, könnten
wir die im Schema 3 dargestellte funktionale Beziehung der Werte der einzelnen numerischen Charakteristika begründen durch eine Darstellung der Kausalstruktur der numerischen
Charakteristika, für welche wir eine Matrizenform wählen:

$n+1$ $\diagdown$ n	A	B	C	D
A	0	0	0	0
B	X	0	X	0
C	0	0	0	0
D	0	X	0	0

In dieser Matrix sind in den Zeilen die beeinflussenden numerischen Superkettencharakteristika aufgeführt, in den Spalten die beeinflußten numerischen Superkettencharakteristika.
Das Symbol X in einer Zeile deutet an, daß dieses Charakteristikum beeinflussend wirkt, es
deutet in einer Spalte an, daß dieses Charakteristikum beeinflußt wird. So gibt die Matrix
insgesamt die kausalen Interdependenzen bei obiger Annahme wieder, welche wir den funktionalen zugrundelegen, die wir in Schema 2 und 3 zu veranschaulichen versuchten.

Indem wir nach funktionalen und kausalen Interdependenzen zwischen einzelnen
numerischen Superkettencharakteristika und deren Werte im Verlaufe der Superkettenwerdung suchen, betreiben wir etwas, was man mit dem Begriff 'Dynamische Analyse' belegen
kann. Erst die dynamische Analyse erlaubt es, besser noch, macht es überhaupt erst möglich, daß man den Prozess, – betont den Prozess – der Superkettenwerdung numerisch beschreiben kann. Somit erkennen wir, daß vermittels der dynamischen Analyse, welche an
jeder Superkette durchgeführt werden kann, wir numerisch beschreiben können, wie ein
charakteristischer Zustand einer Superkette auf einem bestimmten Werdungsstadium aus
dem vorherigen herausgewachsen ist.[23], [24]

Anmerkungen

[1]   Als 'Satz' sollen hier einige, mit für den Verlauf der Arbeit wichtig erscheinende Folgerungen her-
ausgestrichen werden; 'Satz' ist also nicht im streng mathematischen Sinne zu verstehen.

[2]   Der Leser möge bei diesem Ziehungsprozess mit Zurücklegen nicht ausschließlich zufällige Ziehungen vor Augen haben.

[3]   Die Methoden der statistischen Kollektivmaßlehre können in vielen Lehrbüchern nachgelesen werden. Eine Erörterung der Probleme der Methoden gibt O. ANDERSON sen..

[4]   Man stelle sich beispielsweise die Abfolge der Zeichen einer klassischen Solosonate für Flöte in eine Zeile geschrieben vor. Gemäß Definition 8 können wir dieses Phänomen als MKS-strukturiert betrachten, wobei die Menge Z der zugehörigen MKS-Struktur aus einem Element, dem Taktstrich,
besteht, die Menge M aus sämtlichen Notenzeichen. Jedem Element der Menge M kann man eine
reelle Zahl zuordnen gemäß dem 'Haltewert', welcher den einzelnen Notenzeichen eigen ist.

[6]) Beispielsweise stellen alle statistischen Kollektivmaßzahlen definierte Maßzahlen dar.

[7]) Hier weise ich ausdrücklich auf O. ANDERSON sen. hin. In 'Probleme der . . .' diskutiert er in Kapitel VIII 'Das Problem der Zerlegung statistischer Reihen'.

[8]) Gleichungen (9) für die Parameter a und b sind oft in einer anderen Form angegeben. In den hier wiedergegebenen Gleichungen wurde berücksichtigt, daß man die Summe der ersten N natürlichen Zahlen, bzw. die Summe der Quadrate der ersten N natürlichen Zahlen explizit aufaddieren kann.

[9]) Wohl hat v. MISES sich bereits 1919 mit einer exakten Definition der intuitiven Vorstellung beschäftigt, wann man eine Binärkette als zufällig erachten kann. Doch erst 1965 wurde anscheinend die Erörterung dieses Problems wieder in Gang gebracht durch eine Arbeit KOLMOGOROFFs, welche in der Fortführung durch MARTIN-LÖFF und SCHNORR zu einer Rechtfertigung des Ansatzes von v. MISES geführt hat. Eine übersichtliche Darstellung des Entwicklungsweges dieser Problemdiskussion gibt FISCHER. Es kann hier nicht im einzelnen darauf eingegangen werden, daß und wie jeder vorgegebenen Superkette in vielfältiger Weise eine Binärkette zugeordnet werden kann. FISCHER geht in seiner Arbeit von vorgegebenen Texten der Literatur aus, welche wir hier später als Superkette interpretieren, und zeigt einige Möglichkeiten, einem vorgegebenen Text ein Binärfolge zuzuordnen.

[10]) Die Menge M der gedachten MKS-Struktur soll Elemente mit nicht-numerischem Charakter enthalten; vgl. Ausführungen im Text im Anschluß an Satz 12.

[11]) $\Omega_{(n-a)}^{(a)}$ steht für eine Summe, deren Summanden jeweils ein Produkt von (n−a) Faktoren darstellen. Der erste Summand lautet $\underbrace{a \cdot a \cdot a \cdot \ldots \cdot a}_{(n-a)\text{mal}}$ der zweite Summand und weitere werden gebildet, indem der letzte Faktor solange je um eins vermindert wird, bis er den Wert eins erreicht. Für den nächstfolgenden Summanden wird der vorletzte Faktor des ersten Summanden um eins vermindert und der letzte Faktor gleich dem vorletzten gesetzt. Die nächstfolgenden Summanden ergeben sich aus einer fortgesetzten Verminderung des letzten Faktors um eins, bis dieser wieder den Wert eins annimmt. Dann wird wieder der vorletzte um eins vermindert, der letzte gleich dem vorletzten gesetzt, usw. Der skizzierte Prozeß der Summandenbildung findet sein Ende, wenn der erste Faktor des ersten Summanden um eins vermindert den Wert eins ergibt, so daß der letzte Summand von Ω das Produkt von (n−a) Faktoren mit dem Wert eins darstellt. Ein Beispiel:

$$\Omega_{(n-a)}^{(a)} \left\{ \text{mit } a = 4 \text{ und } n = 7 \right\} : =$$

$$4 \cdot 4 \cdot 4 + 4 \cdot 4 \cdot 3 + 4 \cdot 4 \cdot 2 + 4 \cdot 4 \cdot 1 + 4 \cdot 3 \cdot 3 + 4 \cdot 3 \cdot 2 + 4 \cdot 3 \cdot 1 +$$
$$4 \cdot 2 \cdot 2 + 4 \cdot 2 \cdot 1 + 4 \cdot 1 \cdot 1 + 3 \cdot 3 \cdot 3 + 3 \cdot 3 \cdot 2 + 3 \cdot 3 \cdot 1 + 3 \cdot 2 \cdot 2 +$$
$$3 \cdot 2 \cdot 1 + 3 \cdot 1 \cdot 1 + 2 \cdot 2 \cdot 2 + 2 \cdot 2 \cdot 1 + 2 \cdot 1 \cdot 1 + 1 \cdot 1 \cdot 1$$

Es gilt:

$$\Omega_{(n-a)}^{(a)} \left\{ \text{für } (n-a) = 0 \right\} : = 1$$

[12]) Ich besitze derzeit keine gute Information über jenen Wert von (M*), welcher für alle $n \doteq (M^*)$ noch eine maschinelle Berechnung von Ω für alle $a \doteq n$ erlaubt. Für Hinweise wäre ich dankbar!

[13]) In Gleichung (26) bedeutet 'ld' Logarithmus zur Basis 2.

[14]) Die Definition und Sätze des Abschnitts 6. unterliegen einer eigenen Nummerierung, weil dieser Abschnitt nur als Beispiel im Verlauf der Arbeit dienen soll.

[15]) Diese Definitionen der Begriffe 'Wort' und 'Text' sollen nur dazu dienen, in diesem Beispiel 'Kette' und 'Superkette' zu veranschaulichen. Dennoch soll im weiteren Verlauf des Beispiels vorwiegend auf die Begriffe 'Kette' und 'Superkette' zurückgegriffen werden.

[16] Die längste mir bislang aus der Analyse vorgegebener Superketten dieser MKS-Struktur aufgefallene Kette ist das 1 173. Kettentoken der Superkette 'Blechtrommel': *Hauptputzbackwaschundbuegelsonnabend'*, diese Kette ist 36 Elemente der Menge M lang.

[17] Man mag einwenden, daß man ja wisse, daß der Erzeugung von Superketten in der gewählten MKS-Struktur eine Reglementierung zugrunde liegt, welche den idealen Standartfall ausschließe, welche mit dem Begriff 'Grammatik' belegt werden mag. Wir werden im folgenden ohne jedes Wissen um die Existenz dieser 'Grammatik' erkennen, daß die Erzeugung von Superketten in dieser MKS-Struktur tatsächlich nicht gemäß der Vorschrift des idealen Standartfalls erzeugt werden.

[18] Sofern 'a' in einzelnen vorgegebenen Superketten einen Wert annimmt, welcher erheblich von Null verschieden ist, erreicht man bessere Schätzwerte gemäß Gleichung (24).

[19] Die Wertepaare $(N, (V)_N)$ der einzelnen vorgegebenen Texte sind in einer später aufgeführten Tabelle enthalten.

[20] Die gewählten Abkürzungen für die einzelnen Texte sind aus der folgenden Übersicht erkenntlich:

ATOMBO	Jaspers, 'Die Atombombe und die Zukunft des Menschen' 1962
BETR	Mann, 'Die Betrogene', 1954
BIWI	Zeitschr.: 'Das Bild der Wissenschaft' Heft 1–3, 1967
BLECHT	Grass, 'Die Blechtrommel', 1964
ERINN	Heuss,: 'Erinnerungen 1905–1933', 1964.
EXOVO	Bamm,: 'Ex Ovo', 1963
FAZ	Tg. Zeitung: 'Frankf. Allgem. Zeitung', 3 Monate 1965
HOMO	Frisch,: 'Homo Faber', 1965
KAP	Heimpel,: 'Die Kapitulation vor der Geschichte', 1960
MAGD	Jung,: 'Die Magd vom Zellerhof' o. J.
MASS	Bollonow,: 'Mass und Vermessenheit des Menschen', 1962
OLEBIEN	Strittmater,: 'Ole Bienkopp', 1963
POETIK	Steiger,: 'Grundbegriffe der Poetik', 1962
NAT	Heisenberg,: 'Das Naturbild der heutig. Physik', 1963
WELT	Tg. Zeitung: 'Die Welt' 1 Monat 1966
WELTR	Gail,: 'Weltraumfahrt' 1958
WEHRDICH	Ullrich,: 'Wehr dich Bürger', o. J.
URANIa	Zeitschrift: 'Urania' Heft 11, 1966 und Heft 1, 67
TEMP	Bergengruen,: 'Das Tempelchen', 1950

[21] Genau an dieser Stelle könnten jetzt Überlegungen zur numerischen Stilanalyse angefügt werden. Vgl. andere Arbeiten des Verfassers.

[22] Die Zentralstelle für maschinelle Dokumentation in Frankfurt (ZmD) hat mittels Gleichung (53) Versuche angestellt, den Wortschatzumfang englischer naturwissenschaftlicher Texte abzuschätzen, und dabei sehr ordentliche Ergebnisse erzielt, so daß in diesem Falle beispielsweise aus der Analyse der ersten Hefte einer Fachzeitschrift recht genau abgeschätzt werden konnte, um wieviel Prozent der durch die ersten Hefte dokumentierte Wortschatzumfang mit dem weiteren Erscheinen der Zeitschrift ausgedehnt werden wird. Dadurch ist es möglich, abzuschätzen, wieviel an Arbeitsaufwand und Kosten anfallen wird, um den bestehenden dokumentierten Wortschatzumfang um 1 % erweitern zu können. Der Verf. bearbeitet zur Zeit die Frage, wieviel Prozent eines Fachsprachentextes man für eine maschinelle Bearbeitung aufbereiten muß, damit ein bestimmbarer Prozentsatz des Wortschatzes des Gesamttextes im aufbereiteten Textmaterial enthalten ist. Diese Arbeit soll dem Deutschunterricht für Ausländer an technischen Hochschulen nützlich sein.

[23] Der Begriff 'dynamische Analyse' ist analog dem Gebrauch dieses Begriffes in der Volkswirtschaftstheorie hier verwendet. Die Pfeilschemata entstammen ebenfalls dieser Disziplin.

[24] Zur dynamischen Analyse vorgegebener Texte vgl. andere Arbeiten des Verf.

Literatur

ANDERSON, O. sen., 'Probleme der statistischen Methodenlehre', Würzburg 1962.

KOLMOGOROFF, A. N., 'Drei Vorschläge zur Definition des Begriffs 'Informationsinhalt'', in Problemy peredaci informacii 1, 1965.

KUHN, H., 'Die Struktur quantitativer Modelle' Tübingen 1968.

FISCHER, W. L., 'Texte und Zufallsfolgen' erscheint demnächst in 'Tagungsbericht zur Tagung Literatur und Datenverarbeitung der RWTH Aachen, Juni 1970'.

MARTIN-LÖF, P., 'Algorithmen und zufällige Folgen' ein Skriptum des mathematischen Instituts Erlangen 1966.

MISES, R. v., 'Grundlagen der Wahrscheinlichkeitsrechnung', Mathematische Zeitschrift 5, 1919.

MÜLLER, W., 'Textklassifikation und Stilanalyse. Gedanken zur automatischen Beschreibung eines Produktes und seines Produktionsprozesses' erscheint demnächst: siehe bei FISCHER, W. L..

MÜLLER, W., 'Gedanken zur automatischen Analyse von Normen und Normabweichungen' in Muttersprache 9/10, 1969.

MÜLLER, W., 'Wortschatzumfang und Textlänge' in Muttersprache 4, 1971.

SCHNORR, C. P., 'Einige Bemerkungen zum Begriff der zufälligen Folge' in Zeitschrift für Wahrscheinlichkeitstheorie 14, 1969.

Qualität, Quantität und Meßbarkeit

von Pantelis Nikitopoulos

> "Raten des denkökonomisch tauglichsten Gedankens"
> *E. Mach*, Erkenntnis und Irrtum
>
> "Wenn aber das von ihnen 'denkjenseitig' zu Erfassende selber so wenig
> beleuchtet ist, daß es in Nacht und Nebel liegt? Dann kann auch der be-
> deutendste, der geprüfteste Erkenntnisapparat wenig leisten, er bringt nur
> einen geringen Teil der Sache an sich, und der ist noch bedenklich."
> *E. Bloch*, Tübinger Einleitung in die Philosophie

I

Das Problem der Meßbarkeit der Untersuchungsobjekte im Bereich der sprachwissen-
schaftlichen Forschung hat, wenn man von einigen wenigen Versuchen absieht, keine systematische Behandlung gefunden. Dieser Anachronismus ist hauptsächlich darauf zurückzuführen, daß sich die Auseinandersetzung in der Grundsatzdiskussion um die Frage der Mathematisierung der Sprachwissenschaft konzentriert hat, mit all den bekannten Angriffen
auf eine vermeintliche Entwertung aller Kulturwerte durch die Subsumierung dieser Werte
und generell menschlicher Aktionen unter eine mathematische Zwangsläufigkeit und
Stringenz. Dabei sind die logischen Grundlagen einer Meßtheorie eng sowohl mit der quantitativen Erforschung linguistischer Phänomene als auch mit dem Einsatz des mathematischen Begriffssystems in die wissenschaftliche Theoriebildung verknüpft.

Die erkenntnistheoretische Verwirrung äußert sich auch in der unübersehbaren Fülle
von separaten Linguistiken: angefangen von der „qualitativen" über die „mathematische"
bis zur „statistischen" und „quantitativen" Linguistik. Es ist auch nicht so, daß die hier ge-
meinten Einteilungen hauptsächlich vom Objektbereich her bestimmt wären, sondern von
obskuren methodologischen Kriterien, die unreflektiert als Bezugssystem zugrunde gelegt
wurden.

Bei dieser Auseinandersetzung um den angemessenen modus procedendi in der linguistischen Forschung gerät sehr oft die Zweck-Mittel-Relation in Gefahr, ihre Richtung und
Wichtigkeit zu verlieren; denn die Erweiterung der Reichweite des wissenschaftlichen Begriffs bedingt die ständige kritische Überprüfung des methodologisch Tradierten, also Ver-
trauten, im Hinblick auf seine Leistungsfähigkeit zur Ausweitung oder zur Aufdeckung neuer Dimensionen des Objektbereichs. Familiarität ist aber keine Garantie für Fruchtbarkeit.
Item: stellt sich die Forderung nach Beseitigung jeder Abschirmung gegen eine erkenntnistheoretische Selbstreflexion ganz in den Vordergrund.[1]

Die Entwicklungstendenzen in der methodologischen Sphäre der wissenschaftlichen
Forschung, die auf eine stärkere Mathematisierung hinauslaufen, haben eine weitgehende
Umwälzung in den verschiedenen Wissenschaften hervorgerufen. Die Verwendung der Ma-
thematik in der Linguistik wird damit begründet, daß durch dieses Begriffs- und Operations-

system eine exakte Erfassung und Behandlung der wissenschaftlichen Probleme ermöglicht wird. Irgendwelche andere Konsequenzen, die daraus abgeleitet werden, beruhen zum größten Teil auf einem Mißverständnis der Funktion und der Funktionsweise der Mathematik. Angewandte Mathematik ist der Versuch des erkennenden wissenschaftlichen Geistes, den primär qualitativen Aspekt des realen Erkenntnisobjekts durch ein Relationsgefüge, d. h. durch exakt und intersubjektiv eindeutige Bestimmungen, zu umschreiben. Durch mengentheoretische und relationenlogische Beschreibungen werden Strukturen in Mengen konstituiert, wobei diese letzteren durch qualitative Zuordnung von Objekten gebildet werden. Solche mathematischen Strukturen sind aber nach N. BOURBAKI eigentlich der einzige „Gegenstand" der Mathematik.[2] Nach dieser modernen Auffassung erscheint sie damit „als eine Schatzkammer von abstrakten Formen, den mathematischen Strukturen; und es trifft sich so, . . . daß gewisse Formen der Wirklichkeit in diese Formen passen, als wären sie ihnen ursprünglich angepaßt worden."[3]

Es gilt also bei der wissenschaftlichen Erkenntnistätigkeit, aus diesem Reservoir von logisch möglichen Strukturen diejenigen auszuwählen, für die „Realisationen" in dem empirischen Objektbereich aufgedeckt werden.

Die reinsten Quantis, Größe und Zahl, stehen also nicht im Mittelpunkt der Mathematik, sondern Mengen, Relationen und Strukturen, so daß der frontale Angriff zur Rettung der „qualitativen" Erhabenheit der Sprachwissenschaft fehlschlägt. Wenn man eine spezielle Qualität, z. B. warm angibt, dann assoziiert man nur eine Empfindung mit einem Namen. Diese „Qualität" aber, die die Ebene des subjektiven Erlebnisses nicht überschreitet, kann man nicht zum Gegenstand strenger und eindeutiger wissenschaftlicher Bestimmung machen, außer wenn man sie in ein relationales Gefüge einbettet, d. h. wenn man die Relationen zu der Umgebung des Objekts untersucht und feststellt. Das bedeutet aber, daß die Qualität durch Relationen- und Strukturbestimmungen stellvertreten und erklärt wird.

Diese über alle Maßen strapazierte, oft verabsolutierte Dichotomie des Objektbereichs in qualitative und quantitative Bestimmungen, die in ihrer ausgeprägteren Postulierung ontogenetisch begründet und erklärt wird, verliert in einer methodologisch gründlichen Klärung des Charakters der Beziehungen zwischen Erkenntnismittel und objektivem Gegenstand ihre Schärfe; sie erlangt einen relativen Status; eine durch die jeweiligen Erkenntnisschranken gewichtete, daher tendenzhafte Prävalenz.

Dieses Hinausschreiten über die „qualitative" Bestimmung durch die quantitative Explikation der Qualität ist kein neu entdeckter Zusammenhang. Hegel hat diesem Fragekomplex einen großen Teil seiner wissenschaftslogischen Untersuchungen gewidmet,[4] und Carnap betrachtet als Aufgabe einer Wissenschaft die Behandlung von Struktureigenschaften bestimmter Gegenstandsgebiete.[5]

Die moderne Auffassung über den Charakter und die logische Struktur der Mathematik mit ihrem Komplement: der Logik — erweist sich somit als ein geeignetes Instrument der wissenschaftlichen Forschung, nicht zuletzt auch für die Linguistik. Denn die Anwendbarkeit der Mathematik in der linguistischen Beschreibung und damit Theoriebildung gründet in der logischen Form der beschriebenen Eigenschaften und Sachverhalte des jeweiligen linguistischen Objektbereichs. Damit ist aber die Anwendung der Mathematik schlicht die Entdeckung dieser logischen Form.[6] „Denn die Formeln eines Kalküls", und zwar sowohl eines logischen als auch eines mathematischen „werden zwar nach strengen Regeln gebildet, es werden aber keine Regeln angegeben, die sie mit der Alltagssprache verbinden. Die Beziehung zwischen beiden muß also auf der immanenten Struktur der natürlichen Sprachen beruhen. Diese Tatsache bleibt solange verschleiert, wie man die Oberflächenstruktur betrachtet, die unter dem Gesichtspunkt der Logik weitgehend irregulär und zufällig erscheint. Die systematische Aufdeckung der Tiefenstruktur hat aber die natürliche Struktur natürlicher Sätze greifbar gemacht und gezeigt, daß sie in ganz regulärer Beziehung zu entsprechenden logischen Ausdrücken stehen."[7] Das zeigt auch: wenn die Probleme begrifflich nicht geklärt sind, hilft auch der leistungsfähigste Erkenntnisapparat wenig, das prozeßhaft Hervortreibbare des Gegenstandsbereichs ans Licht zu verhelfen. Andererseits ist die Methode, der Apparat, noch lange nicht das Phänomen. Das Phänomen muß seine latente Eigengesetzlichkeit offenbaren und durch seine Teilnahme an der Erkenntnisrelation seine Faktizität ergründen. Die Versuchung ist groß — ihr wird auch oft nachgegeben —, den Widerstand des Phänomens dadurch zu überwinden, indem man ihm eine methodologisch bequeme Faktizität aufstülpt. Man zieht sich dann — aristophanisch ausgedrückt — in methodologische Wolkenkuckucksheime zurück und erwartet die phänomenologische Erfassung des Objekts, wohlgemerkt des realen Objekts, durch eine mathematische Theorie oder durch einen Computer, obwohl man ständig das methodologisch erschaffene Monstrum vor Augen hatte. Denn, wie GIORDANO BRUNO sagte, "altro è giocare con la geometria, altro è verificare con la natura."

II

Das strikte Festhalten an der Qualität-Quantität Dichotomie des wissenschaftlichen Objektbereichs sagt natürlich noch recht wenig aus über die immanente Prozeßualität der wissenschaftlichen Erforschung empirischer Strukturdaten. Es verdeckt außerdem die tatsächlichen Probleme, die mit der Einführung quantitativer Methoden zusammenhängen, angefangen von den Möglichkeiten einer präzisen Klärung des wissenschaftlichen Begriffs bis zu der Aufstellung und den Aufgaben einer Theorie der Metrisierung des jeweiligen Objektbereichs.

Es ist an anderer Stelle auf die zentrale Bedeutung der Behandlung von Struktureigenschaften bestimmter Objektbereiche für die wissenschaftliche Forschung hingewiesen worden; außerdem wurde die Rolle der Mathematik als Reservoir logisch möglicher abstrakter Strukturen hervorgehoben.[8]

Die einfachste Form einer Strukturierung des Objektbereichs wird durch die klassifikatorischen Begriffe (auch qualitative Begriffe genannt) erreicht. Durch die Klassifikation wird auf der Grundlage eines gemeinsamen Merkmals ein Objektbereich in Klassen aufgeteilt, d. h. die Objekte eines Bereichs werden auf Grund eines Merkmals, das sie von anderen Objekten unterscheidet (auch distinctive feature bezeichnet), verschiedenen Klassen zugeordnet. Eine solche Klassifikation muß folgenden formallogischen Bedingungen genügen:

(1)   Die durch die Aufteilung des Objektbereichs gewonnenen Klassen müssen sich wechselseitig ausschließen, d. h. ihre Begriffsextensionen dürfen sich nicht überschneiden.

(2)   Die Aufteilung des Objektbereichs muß erschöpfend sein, d. h. jedes Objekt muß einer Klasse zugeordnet sein.

Mengentheoretisch lassen sich diese Bedingungen folgendermaßen schreiben: wenn B der Objektbereich und

$$B = \{ K_1, K_2, \ldots K_n \}$$

die Klasseneinteilung ist, dann muß

(i) $K_1 \cup K_2 \cup \ldots \cup K_n = B$

(ii) $K_i \cap K_j = \phi \, (1 \leqslant i, j \leqslant n)$ oder

$\quad K_1 \cap K_2 \cap \ldots \cap K_n = \phi$ sein.

"Despite all the differences that exist between the separate Schools in modern linguistics, there is one thing that unites all their tendencies, namely, the method of distributive analysis, which consists in exhibiting classes of elements which are interchangeable in some sense or other. The procedure for verifying the interchangeability, known in the Copenhagen School as 'the test of commutation', and in Descriptive Linguistics as 'substitution', is, it seems, one of the basic instruments of investigation in modern linguistics."[9]

Interessant erscheinen in diesem Zusammenhang die Bedeutungskategorien HUSSERLS, [10] womit grammatikalische Unverträglichkeiten, als mehr oder weniger präzise negative Manifestationen von a priori Gesetzen der Bedeutungsverknüpfungen, auf Unverträglichkeiten im Bereich der Bedeutungen zurückgeführt werden sollten. Eine Bedeutungskategorie ist eine Klasse von Wörtern, die die Eigenschaft haben, daß wenn innerhalb eines sinnvollen Satzes ein Wort (x1) durch ein anderes Wort (x2) derselben Klasse oder Bedeutungskategorie (x1, x2, $\in$ Kx) substituiert wird, der Satz weiterhin sinnvoll bleibt.[11]

Die Frage nach der Meßbarkeit gewisser Mannigfaltigkeiten erhält somit einen dualen Charakter; einerseits greift sie auf die Bedingungskonstellationen abstrakter Strukturen zurück, andererseits erfordert sie die Beschreibung und Formalisierung empirischer Strukturen und die Überprüfung der Adäquatheit der Repräsentation der Empirie durch mathematische Strukturen.

Die Redensart „messen heißt vergleichen" gibt schon einen Ausgangspunkt, der die Richtung anzeigt, in der die Meßbarkeitsbedingungen gesucht werden müssen.

Wenn wir zwei Dinge a, b im Hinblick auf einen bestimmten Aspekt oder eine bestimmte Eigenschaft vergleichen wollen, dann muß eine Verknüpfung von ihnen durch die Relationen $>, =, <$ möglich sein. Damit aber keine Festlegung auf die arithmetischen Relationen erfolgt, benutzen wir die Zeichen $\succ, \sim, \prec$. Der Ausdruck $a \succ b$ bedeutet dann: „a ist dominant gegenüber b" oder „a wird b vorgezogen" oder „a ist ranghöher als b" oder „a ist präferenzgrößer als b" u. ä. m. und $a \sim b$ bedeutet: „a äquivalent b" oder „a gleich b".

Nun wollen wir schrittweise Bedingungen angeben, die erfüllt sein müssen, damit Mengen von Beobachtungsdaten als meßbar gelten können.

Wenn wir eine Menge M mit den Elementen a, b, c . . . haben, dann müssen die einzelnen Elemente paarweise in einer Relation zueinander stehen, aRb, d. h. die Menge muß geordnet sein. Damit ist natürlich für die einzelwissenschaftliche Praxis die Aufgabe verbunden, in empirisch gegebenen Mengen Ordnungen durch paarweisen Vergleich der Elemente aufzudecken — soweit sie vorhanden sind.

Diese Relation muß trichotom sein, d. h. wenn a, b $\in$ M, dann gilt eine und nur eine der drei Relationen: $a \succ b$, $b \succ a$, $a \sim b$. Diese Relation muß weiterhin transitiv sein, d. h.

wenn a ≻ b und b ≻ c, so ist auch a ≻ c, für a ~ b müssen die drei Eigenschaften von Äquivalenzrelationen gelten: sie muß reflexiv sein, d. h. für jedes $a \in M$ gilt a ~ a; sie muß weiterhin symmetrisch sein, d. h., wenn a ~ b so auch b ~ a; und schließlich muß sie transitiv sein, d. h., wenn a ~ b und b ~ c, so auch a ~ c.[12]

Wenn wir nun eine allgemeinere Formulierung verwenden wollen, bezeichnen wir die Gleichheits- oder Äquivalenzrelation mit A, die Verschiedenheitsrelation mit V und wir erhalten folgende Bedingungen.

B_1 (a)   [aAa]

B_2 (a)   [¬ aVa]

B_3 (a) (b)   [aAb → bAa]

B_4 (a) (b)   [aVb → ¬ bVa]

B_5 (a) (b) (c)   [aAb ∧ bAc → aAc]

B_6 (a) (b) (c)   [aVb ∧ bVc → aVc]

B_7 (a) (b)   [¬{aVb, aAb}¬{aAb, bVa}¬{aVb, bVa}]

Die Bedingungen B_1, B_3, B_5 bilden die Äquivalenzrelation. Bedingung B_7 ist eine andere Schreibweise für die Trichotomieforderung, daß eine und nur eine der drei folgenden Relationen zwischen a, $b \in M$ gelten kann:

aVb, bVa, aAb.

Da diese Bedingungen für zwei *beliebige* Elemente der Menge gelten (d. h. für zwei *beliebige* Objekte der empirischen Menge gelten muß) heißt die Menge zusammenhängend oder konnex.

Die scheinbare Trivialität einiger dieser Bedingungen darf nicht darüber hinwegtäuschen, daß sie einerseits wichtige meßtheoretische Postulate, andererseits empirisch nicht immer unproblematisch sind. Die Feststellung der Genidentität z. B., die das empirische Gegenstück zu der Reflexivitätsforderung darstellt, ist normalerweise unproblematisch. Es gibt aber Bereiche in der Quantenphysik, in welchen diese Feststellung Schwierigkeiten bereitet. Bei der empirischen Feststellung der Transitivität können auch Schwierigkeiten auftreten; wenn z. B. zwischen den empirischen Elementen x und y einerseits und y und z andererseits eine Äquivalenz festgestellt wird, dann besagt das nur, daß eventuelle Differenzen so klein sind, daß sie unter der Wahrnehmungsschwelle liegen. Bei der Gegenüberstellung von x und z können aber die Differenzen oberhalb dieser Schwelle liegen, so daß xAy und yAz, aber xVz beobachtet wird; bei der Transition hat eine Kumulierung der Differenzen stattgefunden, die die empirische Feststellung der Transitivität der Äquivalenz nicht mehr gestattet.[13]

Eine Menge von Elementen, die die Bedingungen[14] B_1 − B_7 erfüllt, nennen wir eine *Menge vergleichbarer Elemente.*

Die Messung einer Menge linguistischer Erscheinungen besteht nun in der Zuordnung von Zahlen zu den einzelnen Elementen des Untersuchungsbereichs, d. h. in der Widerspiegelung empirischer Relationen in numerische im Rahmen einer linguistischen Strukturbeschreibung.

Die Elemente der Menge M werden durch die Relationen A und V geordnet. Wir erhalten daher ein empirisches Strukturdatum $\mathcal{M}$ = (M; A, V), nach Tarski auch empirisches relationales System genannt. Durch eine Zuordnungsfunktion f wird diesem System ein numerisch relationales System $\mathcal{N}$ = (N; A_N, V_N) zugeordnet. Durch das geordnete Tripel

$$< \mathcal{M}, \mathcal{N}, \mathit{f} >$$

wird dann eine Skala definiert.

Durch diese Definition und die Bedingungen $B_1 - B_7$ läßt sich die *ordinale* Meßbarkeit folgendermaßen festlegen, wobei die Relationen A und V einfachheitshalber durch R vertreten werden: Eine durch R geordnete Menge M ist auf einer ordinalen Skala meßbar, wenn eine Funktion f(x), x $\in$ M, existiert, so daß für a, b $\in$ M gilt:

$$f(a) \geqslant f(b) \Leftrightarrow aRb.$$

Jede Funktion f(x), die diese Bedingung erfüllt, ist eine ordinale Messung von M. Wenn f(x) eine ordinale Messung von M ist und wenn $\varphi(r)$ eine wachsende Funktion von r ist, dann ist auch $\varphi(f)$ eine ordinale Messung von M; d. h. ordinale Messungen sind indifferent gegenüber monotonen Skalentransformationen. Das ist eine erste Stufe der Meßbarkeit, die, wenn sie auch nicht die Informationsbreite und -präzision höherer Stufen der Meßbarkeit bei der Beschreibung der realen Phänomene aufweist, immerhin weit mehr Informationen über den Objektbereich liefert und liefern kann als bloße klassifikatorische Begriffsbestimmungen.

Die bloße Rangordnung der Elemente sagt natürlich noch nichts über die Größe der Abstände zwischen den einzelnen Elementen aus. Es ist eine zusätzliche Strukturierung des Objektbereichs erforderlich, und zwar eine solche, die zu höheren Meßbarkeitsstufen führt, und damit zu anderen Skalierungen.

Dieser Gedanke wird aber nicht weiter verfolgt; hier sollte nur eine Richtung und einige ihrer logischen Implikationen angezeigt werden.

III

Daraus wird aber ersichtlich: „Messen ist ein Strukturproblem: Einen Datenvorrat mit seiner ganzen Struktur treu in die reellen Zahlen abzubilden; wie seine Struktur beschaffen ist, beschreibt ein System von Axiomen."[15] Solche strukturellen Eigenschaften von Mengen aus den verschiedenen linguistischen Objektbereichen zu erkennen, adäquat zu beschreiben und zu formalisieren, ist Aufgabe der linguistischen Forschung. Dazu muß festgestellt werden: es gibt keine Messung ohne eine Theorie; nötig ist eine allgemeine Thoerie, die die Praxis der Messung nicht als gegeben an- oder besser hinnimmt, sondern eine, die ihre Funktion in der wissenschaftlichen Erfassung des linguistischen Objektbereichs erklärt.[16]

Solange man sich mit den formalen Kriterien der Meßbarkeit beschäftigt, ist keine prinzipielle Schwierigkeit zu sehen, warum der eine oder der andere Objektbereich dieser Konzeption nicht zugänglich sein sollte.

Vom Gesichtspunkt der Methodologie erfüllen Messungen zwei wichtige Funktionen. Sie bilden einerseits eine zuverlässige Grundlage zur Schlichtung von Kontroversen über die Tragweite und Wichtigkeit von Existenzaussagen, und zwar wegen der durch die grundsätz-

liche Wiederholbarkeit der Meßoperationen gewährleistete Intersubjektivität der Erfahrung.
Andererseits sind gemessene Daten durch den operationalen Rahmen genau definiert, so
daß durch die Meßnormen feinere Differenzierungen und daher präzisere Beschreibungen
als durch die Umgangssprache erreicht werden, "wenn auch die operationellen Definitionen
selbst auf umgangssprachliche Erläuterungen angewiesen bleiben."[17]

Sobald man aber diese Stufe abstrakter Überlegungen verläßt und sich dem realen
Objektbereich zuwendet, wird man nicht nur mit den bekannten Problemen der Objektiden-
tifikation, sondern auch mit den speziellen Dimensionen der sozialwissenschaftlichen Er-
kenntnisproblematik konfrontiert, die sich epigrammatisch mit der Umformung kommu-
nikativer Erfahrungen und intentionalen Handelns in Daten ausdrücken läßt.

Denn ganz allgemein sind Fakten ein gemeinsames Produkt von Sprache und Wirklichkeit; sie sind durch deskriptive Sätze erfasste Wirklichkeit. Fakten sind infolgedessen
nicht nur durch die originäre Wirklichkeit, sondern auch weitgehend durch die Abstrak-
tionsprinzipien und die Ausdrucksmittel, die der Sprache zur Verfügung stehen, determiniert. "New linguistic means not only help us to describe new kinds of facts; in a way, they
even create new kinds of facts."[18]

Damit ist aber die linguistische Forschung mit der Aufgabe konfrontiert, einmal die
Verknüpfungsregel der sprachlichen Symbole zu untersuchen, zum zweiten den Dualismus
zwischen Symbol und Kommunikation als fortwährenden Wechselbezug zwischen beiden
in ihr methodologisches Vorgehen zu integrieren, und drittens auf eine übergeordnete, in-
terdependente Konstellation, auf eine Theorie zu rekurieren, die die Strukturen des um-
gangssprachlich artikulierten sozialen Lebens expliziert, womit nach einem Ausdruck von
BLOCH[19] „die Richtung des gegenständlich gezielten Fragens" gewonnen wird.

Denn ohne Rekurs auf ein Vor-Verständnis der sozialen Welt können wir nicht wissen,
was wir mit Messungen eigentlich erfassen; wir müssen daher „den transzendentalen Rahmen der kommunikativen Erfahrung, innerhalb dessen wir gemessene Daten auf theoretische Begriffe beziehen, vorweg reflektieren."[20]

Darüberhinaus ist es charakteristisch für die sprachliche Kommunikation, daß sprachliche Ausdrücke Bedeutungen tragen: damit ist aber ein zweidimensionales Referenzsy-
stem konstituiert. Einmal sagen die sprachlichen Ausdrücke etwas über eine Ebene (nämlich der Fakten) aus, die nicht Sprache ist, andererseits sind und werden die Korrespondenz-
regeln zwischen der sprachlichen und der nicht-sprachlichen Ebene von der gesellschaftli-
chen Determinante, d. h. von der sozialen Lebenswelt überhaupt entscheidend mitgestaltet.
Erst in der Koordination dieser beiden Dimensionen ist das sprachliche Phänomen zu erfassen.[21]

Fußnoten

[1] In diese Richtung, wenn auch einen engeren Kreis anvisierend, zielen auch die Ausführungen CHOM-SKYs: „Ohne den Kult des gebildeten Dilettantismus überbewerten zu wollen, muß man anerkennen, daß die klassischen Probleme eine Unmittelbarkeit und Signifikanz aufweisen, die in einem solchen Bereich der Forschung fehlen können, der durch die Anwendung gewisser Mittel und Methoden *weit mehr bestimmt wird* als durch die Probleme, die per se von grundlegendem Interesse sind. Das bedeutet nicht, daß auf nützliche Mittel verzichtet werden soll; es geht vielmehr . . . darum genug Perspektiven offen zu lassen, um das unvermeidliche Eintreten jenes Zeitpunktes abschätzen zu können, an dem *die Forschung, die mit diesen Mitteln durchgeführt werden kann,* nicht länger wichtig ist." N. CHOMSKY: Sprache und Geist, mit einem Anhang: Linguistik und Politik; Frankfurt/M. 1970, S. 42, meine Hervorhebung.

[2] N. BOURBAKI: Die Architektur der Mathematik I, in: Physikalische Blätter, Mosbach 1961, Heft Nr. 4, Seite 166.

[3] N. BOURBAKI: Die Architektur der Mathematik II, in: Physikalische Blätter, Mosbach 1961, Heft 5, Seite 218.

[4] Zur Hegelschen Bestimmung der Qualität als Verhältnis von Quantis, siehe: R. THIEL: Quantität oder Begriff. Der heuristische Gebrauch mathematischer Begriffe in Analyse und Prognose gesellschaftlicher Prozesse. Berlin 1967, S. 223–233.

[5] R. CARNAP: Der logische Aufbau der Welt. Scheinprobleme in der Philosophie, 2. Aufl., Hamburg 1961, insbesondere die Paragraphen 14, 15 und 16.

[6] Vgl. hierzu K. REIDEMEISTER: Mathematik und Erkenntnistheorie; in: Studium Generale, Bd. 2, 1958.

[7] M. BIERWISCH: Strukturalismus; Geschichte, Probleme und Methoden; in: Kursbuch 5, Frankfurt/M. 1966, S. 145.

[8] Ein sehr einfaches Beispiel einer strukturellen Eigenschaft in der Linguistik gibt K. BÜHLER: Das Strukturmodell der Sprache. Travaux du Cercle linguistique de Prague VI: „Es ist ohne weiteres möglich, an einem schlichten lateinischen Satze wie Caius amavit Camillam die Abstraktion zu vollziehen, welche das Strukturelle . . . erkennen läßt; ich schreibe -us, -avit, -am und denke mir die Leerstellen erfüllbar durch andere Wörter je einer bestimmten Klasse." (S. 10).

[9] I. I. REVZIN: Models of Language, London 1966, S. 60. Für weitere Präzisierungen des klassifikatorischen Vorgehens und eine konkrete Anwendung siehe u. a. den instruktiven Aufsatz von G. Ungeheuer: Das logistische Fundament binärer Phonemklassifikationen; in: Studia Linguistica, Vol. 13 (1959).

[10] E. HUSSERL: Logische Untersuchungen, 2. Aufl. 3. Bnd. Halle (1913–21), Bnd. II, S. 294–295, 305–312, 316–321, 326–342.

[11] Zur Kritik dieser Konzeption HUSSERLs siehe u. a. W. STEGMÜLLER: Hauptströmungen der Gegenwartsphilosophie. Eine kritische Einführung, 3. wesentl. erw. Aufl., Stuttgart 1965, S. 84 f. und Y. BAR-HILLEL: HUSSERLs conception of a purely logical grammar; in: Philosophy and Phenomenological Research, Vol. XVII, 1957.

Zu einer exakten Theorie wurde diese Konzeption ausgebaut in dem Werk von K. AJDUKIEWICZ: Die syntaktische Konnexität; in: Studia Philosophica (Commentarii Societatis Philosophicae Polonorum) Bnd. I, 1935.

[12] Ein anschauliches Beispiel, das manche Komplikationen aber auch die Wichtigkeit des Transitivitätspostulats anzeigt, geben G. E. PETERSON und FRANK HARARY. Sie sprechen über "semantically

equivalent utterances" und fahren fort: "It is possible, of course, that a single utterance may belong to more than one semantic equivalence class, as in the case of homonyms. For example, consider the three utterances x, y and z:

x. The rays of the sun meet.
y. The sun's rays meet.
   The sons raise meat.
z. Meat is raised by the sons.

If we denote the relation of semantic equivalence by E, it can be seen that E is reflexive and symmetric but not transitive. For xEx, yEy etc.; and if xEy, than yEx; but the above wellknown example shows that if xEy and yEz, it does not follow that xEz."
Aus "Foundations of Phonemic Theory"; in: R. JAKOBSON (ed.) Structure of Language and its mathematical Aspects, Proceedings of Symposia in applied mathematics, Vol. XII, Providence, Rhode Island, 1961, S. 156.

[13]) Zwei physiologische Aspekte, die sowohl die Frage der Klassenbildung als auch die praktischen Grenzbereiche der Transitivität betreffen, führt G. KLAUS auf:

(1) „Schon die klassische Sinnesphysiologie erkannte, daß die Impulsfrequenzen dem Logarithmus der Reizstärke proportional ist. Zwei verschiedene Reize können vom erkennenden Individuum also nur dann verschieden festgestellt werden, wenn der Grad, in dem sie hinsichtlich ihrer Reizstärke voneinander abweichen, einen bestimmten Mindestwert besitzt. Ist dies nicht der Fall, so kann das Individuum mit seinen natürlichen Sinnesorganen das Verschiedene nicht als verschieden, sondern nur als identisch abbilden. Das mag ein Mangel oder ein Vorteil sein, diese Tatsache ermöglicht es jedoch, die äußeren Gegebenheiten zu normieren, und sie ist daher eine wesentliche Grundlage der Abstraktion. Indem wir nicht alles, was verschieden ist, als verschieden erkennen, identifizieren wir Verschiedenes in dieser oder jener Hinsicht und bilden damit Klassen von Dingen. Die Bildung logischer Klassen aber ist die Grundlage der Begriffsbildung." in: BRAINES, S. N., NAPALKOW, A. W., SWETSCHINSKI, W. B.: Neurokybernetik, Berlin 1964, S. 11.

(2) „Hinzu kommt noch die Einsicht der modernen Kybernetik, daß die Sinnesorgane die Fähigkeit besitzen, Reize auszuwählen. Die Sinnesorgane sprechen . . . im großen und ganzen nur auf adäquate Reize an. Die Lichtrezeptoren filtern beispielsweise aus der Gesamtmenge der möglichen Reize nur optische Reize aus dem 'adäquaten' Bereich aus. Druckreize, elektrische Reize usw. werden von diesen Zellen nicht aufgenommen und weitergeleitet. Ein großer Teil der Reize wird vollständig ausgesiebt, bzw. er wirkt lediglich auf die tiefergelegenen Gehirnzentren ein und gelangt nicht bis in das Großgehirn." Kybernetik und Erkenntnistheorie, Berlin 1966, S. 13.

[14]) Der Bedingungskomplex $B_1 - B_7$ ist in dieser Form redundant. Aus Gründen der Klarheit wurde darauf verzichtet, eine reduzierte Form anzugeben.

[15]) K. H. HOFMANN: Zur mathematischen Theorie des Messens, Warszawa 1963, S. 31.

[16]) vgl. hierzu auch K. R. POPPER: Conjectures and Refutations: The Growth of Scientific Knowledge, New York and Evanston 1968, S. 62.

[17]) J. HABERMAS: Zur Logik der Sozialwissenschaften; in: Philosophische Rundschau, Beiheft 5, Tübingen 1967, S. 102.

[18]) K. R. POPPER: Conjectures and Refutations, a. a. O. S. 214.

[19]) E. BLOCH: Tübinger Einleitung in die Philosophie I, Frankfurt/M. 1963, S. 143.

[20]) J. HABERMAS: Zur Logik der Sozialwissenschaften, a. a. O. S. 109.

[21]) An dieser Stelle ist immer noch der Hinweis nötig, „daß die Art und Weise der theoretischen Einsicht, also die Realitätserkenntnis, über unser Verhalten entscheidet. Gesellschaftliche Beziehungen zeigen an, wie wir die Umwelt erfassen, also auch auffassen." U. JAEGGI: Ordnung und Chaos. Der Strukturalismus als Methode und Mode, Frankfurt/M. 1968, S. 11.

Literaturverzeichnis

[1]   AJDUKIEWICZ, K.: Die syntaktische Konnexität; in: Studia Philosophica (Commentarii Societatis Philosophicae Polonorum) Bnd. I, 1935.

[2]   BAR-HILLEL, Y.: Husserls conception of a purely logical grammar; in: Philosophy and Phenomenological Research, Vol. XVII, 1957.

[3]   BIERWISCH, M.: Strukturalismus. Geschichte, Probleme und Methoden; in: Kursbuch 5, Frankfurt/M. 1966.

[4]   BLOCH, E.: Tübinger Einleitung in die Philosophie I, II. Frankfurt/M. 1963, 1968.

[5]   BOURBAKI, N.: Die Architektur der Mathematik I und II; in: Physikalische Blätter, Heft Nr. 4 und Nr. 5, 1961.

[6]   BRAINES, S. N.; NAPALKOW, A. W.; SWETSCHINSKI, W. B.: Neurokybernetik, Berlin 1964.

[7]   BÜHLER, K.: Das Strukturmodell der Sprache. Travaux du Cercle linguistique de Prague VI.

[8]   CARNAP, R.: Der logische Aufbau der Welt. Scheinprobleme in der Philosophie, 2. Aufl., Hamburg 1961.

[9]   CHOMSKY, N.: Sprache und Geist. Mit einem Anhang: Linguistik und Politik, Frankfurt/M. 1970.

[10]   ELLIS, B.: Basic Concepts of Measurement, Cambridge 1968.

[11]   HABERMAS, J.: Zur Logik der Sozialwissenschaften; in: Philosophische Rundschau, Beiheft 5, Tübingen 1967.

[12]   HOFMANN, K. H.: Zur mathematischen Theorie des Messens, Warszawa 1963.

[13]   HUSSERL, E.: Logische Untersuchungen, 3. Bnd., Halle 1913–21.

[14]   JAEGGI, U.: Ordnung und Chaos. Strukturalismus als Methode und Mode, Frankfurt/M. 1968.

[15]   KLAUS, G.: Kybernetik und Erkenntnistheorie, Berlin 1966.

[16]   LEINFELLNER, W.: Einführung in die Erkenntnis- und Wissenschaftstheorie, 2. erw. Aufl., Mannheim 1967.

[17]   PETERSON, G. E., und HARARY, F.: Foundations of Phonemic Theory; in: R. Jakobson (ed.), Structure of Language and its mathematical Aspects, Proceedings of Symposia in applied mathematics, Vol. XII, Providence, Rhode Island 1961.

[18]   POPPER, K. R.: Conjectures and Refutations: The Growth of Scientific Knowledge, New York and Evanston 1968.

[19]   REIDEMEISTER, K.: Mathematik und Erkenntnistheorie; in: Studium Generale, Bd. 2, 1958.

[20]   REVZIN, I. I.: Models of Language, London 1966.

[21]   STEGMÜLLER, W.: Hauptströmungen der Gegenwartsphilosophie. Eine kritische Einführung, 3. Aufl., Stuttg. 1965.

[22]   THIEL, R.: Quantität oder Begriff. Der heuristische Gebrauch mathematischer Begriffe in Analyse und Prognose gesellschaftlicher Prozesse, Berlin 1967.

[23]   UNGEHEUER, G.: Das logistische Fundament binärer Phonemklassifikationen; in: Studia Linguistica, Vol. 13, 1959.

114

Eine formale Heuristik zur Untersuchung von Texten

von Helmut Richter

Die Verbindung des folgenden Beitrags mit dem Komplex der statistischen Techniken und Verfahren ist mittelbar. Es wird über ein im allgemeinen Sinn mathematisch-technisches Verfahren berichtet, das statistischen Analysen vorgeordnet werden kann. Diese Vorordnung hat nicht so sehr den Charakter einer logischen bzw. wissenschaftstheoretischen Voraussetzung — vorgeordnet im letzteren Sinn wären Skalen. Eher fällt die darzustellende Technik unter die Rubrik der Repräsentation von Daten oder der Materialaufbereitung, ohne daß sich ihre Relevanz allerdings darin erschöpfen muß.

Von einem *Verfahren* kann die Rede sein, wenn Technik und Zielbezug zusammen thematisiert werden. Es dürfte klar sein, daß dieser Sprachgebrauch relativ ist: was bezüglich einer umfassenderen Zielsetzung zur Technik gehört, kann seinerseits den Zielbezug einer elementareren Technik ausmachen. *Zielbezug* wäre nicht gleich Zielsetzung, sondern würde die Weise beschreiben, in der mit einem Verfahren auf die Zielsetzung reagiert wird.

Man kann somit davon ausgehen, daß Repräsentation von Daten oder Materialaufbereitung technisch sind und ihnen Verfahrenscharakter mit einem Zielbezug zugesprochen wird. Eine Zielsetzung mag mehr oder weniger konkret sein; die Zielbezüge von Verfahren wird man demgegenüber als spezifischer oder allgemeiner zu bestimmen haben. Konkretheitsgrad der Zielsetzung und Spezifitätsgrad des Zielbezugs sind nicht notwendig korreliert. Als allgemeinst-möglichen Zielbezug setze ich die Findung unbekannter Zusammenhänge zwischen Daten an. In Übereinstimmung mit dem allgemeinen Sprachgebrauch kann ein Verfahren, das ausschließlich oder überwiegend diesen allgemeinen Zielbezug aufweist, Heuristik heißen. Es leuchtet nach obigem ein, daß eine Heuristik für Zielsetzungen verschiedenster Konkretheit nützlich sein kann.[1]

Formal heiße eine *Heuristik,* wenn ihre technische Komponente mit „Leerformen" operiert, „ohne sich an die eine oder andere mögliche inhaltliche Interpretation zu binden", und dabei „zu einem nach festen Regeln vor sich gehenden Spiel" ausgestaltet ist. (Ich benutze hier die allgemeine Charakterisierung von Formalität bei WEYL [5], S. 23 und 45.) Das Verfahren der IR-Analyse kann als formale Heuristik betrachtet werden.[2] Es wurde zur Analyse von Gesprächssequenzen von mir eingeführt und bisher nur in RICHTER und WEIDMANN [3] veröffentlicht. Der vorliegende Aufsatz gibt eine Weiterentwicklung der Technik und demonstriert Möglichkeiten der heuristischen Anwendung zu sprach- und kommunikationswissenschaftlichen Textuntersuchungen.

1. Konstruktionsvorschrift für IR-Strukturen; Definitionen

Aus einer endlichen Symbolmenge

$$M := \{ S^1, S^2, \ldots, S^p, \ldots S^m \} \tag{1}$$

seien ununterbrochene Symbolfolgen

$$F := S_1 S_2 \ldots S_k \ldots S_n \tag{2}$$

gebildet. (S_k^p ist das p-te Element der beliebig durchgezählten Elemente von M an k-ter Stelle einer Symbolfolge F.)[3]

In den Symbolfolgen gebe es ununterbrochene Teilfolgen aus i Symbolen, genannt *i-gramme*, wobei

$$1 \leqslant i < n \tag{3)[4]}$$

Lokal verschiedene i-gramme unterscheiden sich in mindestens einer Stelle k von F. *Überlappende i-gramme* haben mindestens eine Stelle von F gemeinsam, *nicht-überlappende i-gramme* haben keine Stelle von F gemeinsam. Hat das letzte Glied eines i-gramms die Stelle k in F und das erste Glied eines anderen i-gramms die Stelle $k+1$, so heißen die i-gramme *benachbart*. (Benachbarte i-gramme sind lokal verschieden und nicht-überlappend.)

Beispiel 1:

$i = 3$	$i = 2$
A B $\overline{\text{C A}}$ E ...	A $\overline{\text{B C}}$ A E ...
k 1 2 3 4 5	k 1 2 3 4 5

A B C und C A E sind lokal verschiedene und überlappende 3-gramme

A B und C A sind benachbarte 2-gramme

Das Erstglied eines i-gramms heiße *Initial*, jedes im gleichen i-gramm auf das Initial folgende Symbol heiße *Supplement*. (Es gibt immer $i-1$ Supplemente, also in 2-grammen ein Supplement und in 1-grammen kein Supplement.)

Die Konstruktion einer *initialrepetitiven i-gramm-Struktur* [*IR-(i-) Struktur*] aus F erfolgt nach einem Programm wie in Fig. 1 wiedergegeben.[5]

Die Notation im Blockdiagramm ist wie folgt zu lesen:

$\boxed{\begin{array}{c} S_i, \ldots, S_{i+m} \\ \overrightarrow{} \\ z/j, \ldots, j+r \end{array}}$ Übertragung der Symbole $S_i, S_{i+1}, \ldots, S_{i+m-1}, S_{i+m}$ von F in die Stellen j, j+1, ..., j+r−1, j+r einer Zeile z der IR-Struktur

a)   b)   Festlegung bzw. Änderung eines Variablenwerts:

$\boxed{p=Q}$ $\boxed{p \uparrow Q}$ a) p wird gleich Q gesetzt;
b) p wird um Q erhöht.

$\diamond$ — ja —   Abfrage
|
nein
|

Beispiel 2:

Es sei F

S	S	S	S	O	S	S	S	S	S	S	Q	S	S	Q	Q	O	Q	E	S	K	S	S	Q	S	S	S	Q	S	K
k 1	2	3	4	5	6	7	8	9	10	11	12	13	14	15	16	17	18	19	20	21	22	23	24	25	26	27	28	29	30
S	S	S	S	S	S	Q	S	S	S	S	E	Q	Q	S	K	Q	Q	Q	S	Q	S	S	Q	S	K	Q	Q	K	Q
k 31	32	33	34	35	36	37	38	39	40	41	42	43	44	45	46	47	48	49	50	51	52	53	54	55	56	57	58	59	60
S	S	S	S	S	S	S	Q	P	P	S	Q	Q	O	S	S	Q	S	O	E	S	K	K	S	S	Q	S	S	K	Q
k 61	62	63	64	65	66	67	68	69	70	71	72	73	74	75	76	77	78	79	80	81	82	83	84	85	86	87	88	89	90 =

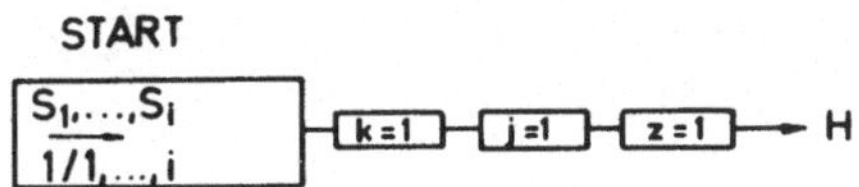

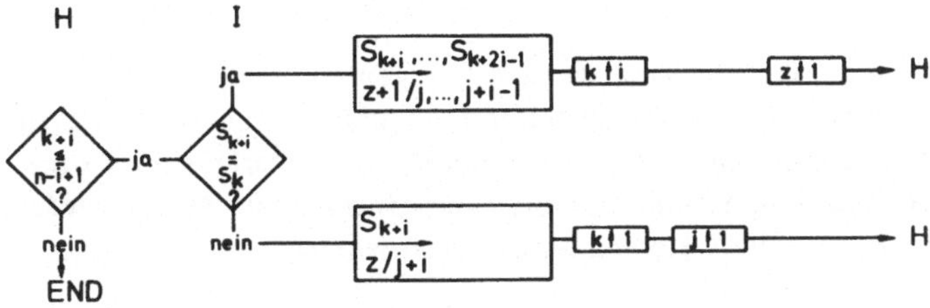

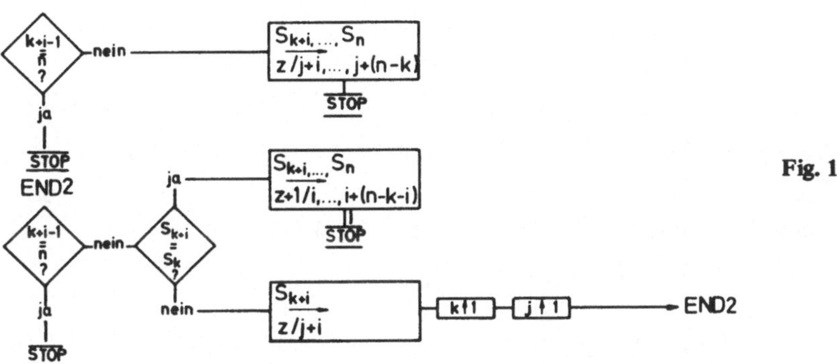

Fig. 1

Konstruiert werde die IR-4-Struktur.[6]) Mit START werden die Symbole S_1 bis S_4 in die Stellen 1 bis 4 einer ersten *Zeile z* übertragen:

    S S S S

(Unter H wird gefragt, ob F bereits so weit aufgearbeitet ist, daß ein END-Zweig zuständig wird. Wir vernachlässigen diese Abfrage vorerst bei der Durchführung des Beispiels.) Es folgt unter I die Abfrage, ob $S_5 = S_1$ ist. Da $O \neq S$, wird der Nein-Zweig durchlaufen und S_5 an die Stelle 5 der ersten Zeile übertragen:

    S S S S O

k und j werden jeweils um 1 auf den Wert 2 erhöht. Demnach wird bei I gefragt, ob $S_6 = S_2$ ist. Da dies der Fall ist, muß der Ja-Zweig durchlaufen werden. Dies führt zur Übertragung von S_6 bis S_9 in die Stellen 2 bis 5 (*Spalten j*), Zeile 2, der IR-Struktur:

    $z\ j$ 1 2 3 4 5
     1   S S S S O
     2   S S S S

k wird auf 6 und z auf 2 gestellt (j bleibt unverändert). $S_{10} = S_6$, also haben S_{10} bis S_{13} in der IR-Struktur Zeile 3, Spalten 2–5:

```
z j 1 2 3 4 5
1   S S S S O
2     S S S S
3     S S Q S
```

Damit sollte das einfache Prinzip der Konstruktionsvorschrift erkennbar sein: Sind die Initiale benachbarter i-gramme gleich, werden die betreffenden i-gramme in der IR-Struktur ohne Spaltenänderung untereinander geschrieben (j unverändert, z verändert); sind die Initiale benachbarter i-gramme verschieden, wird das jeweils zweite Initial ohne Zeilenänderung im Anschluß an das letzte Supplement des ersten i-gramms geschrieben (j verändert, z unverändert).

Mit END 1 und END 2 sind zwei Möglichkeiten des Abschlusses der IR-Struktur vorgesehen. Bei END 1 wird eine Repetition von Symbolen im Abstand i nur dann berücksichtigt, wenn auch dem zweiten davon volle $i-1$ Supplemente folgen; im Beispiel 2:

		Übertragene- Symbole aus F	Zeilen/Spalten der IR-Struktur	k	z	j
				80	14	28
$84 < 87$	$S_{84} \neq S_{80}$	S_{84}	14/32	81	14	29
$85 < 87$	$S_{85} = S_{81}$	$S_{85} - S_{88}$	15/29–32	85	15	29
$89 > 87$	$88 \neq 90$	S_{89}, S_{90}	15/33, 34	STOP		

```
z j 29 30 31 32 33 34
14    (S  K  K)  S
15     S  Q  S  S  K  Q
```

END2 ist auf die Möglichkeit zugeschnitten, daß gleichsam ein unvollständiges i-gramm angenommen wird, wenn auf ein im Abstand i repetiertes Symbol keine $i-1$ Symbole in F mehr folgen; im Beispiel 2:

		Übertragene Symbole aus F		Zeilen/Spalten der IR-Struktur	k	z	j
					80	14	28
$84 < 87$		$S_{84} \neq S_{80}$	S_{84}	14/32	81	14	29
$85 < 87$		$S_{85} \neq S_{81}$	$S_{85} - S_{88}$	15/29–32	85	15	29
$89 > 87$	$88 \neq 90$	$S_{89} \neq S_{85}$	S_{89}	15/33	86	15	30
	$89 \neq 90$	$S_{90} = S_{86}$	S_{90}	16/30	STOP		

```
z j 29 30 31 32 33
14    (S  K  K)  S
15     S  Q  S  S  K
16        Q
```

In „Semantisch bedingte Kommunikationskonflikte" sind die IR-Strukturen entsprechend END 1 konstruiert; für den gegenwärtigen Text soll END 2 maßgeblich sein.

Nach vollständiger Durchführung ergibt sich für das Beispiel 2 die folgende IR-Struktur:

i = 4

z \ j	1	2	3	4	5	6	7	8	9	10	11	12	13	14	15	16	17	18	19	20	21	22	23	24	25	26	27	28	29	30	31	32	33
1	⌐S	S	S	S	O																												
2		S	S	S	S																												
3		S	S	Q	S																												
4		S	Q	Q	O	Q	E	S	K	⌐S	S	Q	S⌋																				
5											S	S	Q	S	K																		
6											S	S	S	S																			
7											S	S	Q	S																			
8											S	S	⌐S	E⌋	Q	Q																	
9													S	K	Q	Q	Q	S															
10															Q	S	S	Q	S	K	Q												
11																	Q	K	Q	[S]	S	S	S										
12																				S	S	S	Q	P	P								
13																					S	Q	Q	O									
14																					S	S	Q	S	O	E	S	K	K	S			
15																												S	Q	S	S	K	
16																													Q				⌋

Die Heraushebung bestimmter Teilstrukturen hängt mit später besprochenen Elementen der Technik zusammen. Man kann die Entstehung der IR-Struktur an Hand einer Schablone mit *i*+1 ausgeschnittenen Feldern im Detail verfolgen[7].

Eine mehr als einzeilige *i*-spaltige Symbolanordnung (in Rechteckform) der IR-*i*-Struktur heiße ein *Block* – s. die Anordnung mit den Koordinaten 5–8 (Zeilen)/ 11–14 (Spalten) des Beispiels 2. Blöcke sind *vermascht*, wenn sie Symbole gemeinsam haben – s. die Blöcke 5–8/11–14 und 8–9/13–16 des Beispiels 2 mit gemeinsamen Symbolen der Koordinaten 8/13 und 8/14.

Um den Grad der Repetitivität *i*-ter Ordnung in *F* anschaulich zum Ausdruck zu bringen, kann bei unmittelbarer Aufeinanderfolge gleicher Symbole in einer Spalte darauf verzichtet werden, die nicht-obersten der jeweils gleichen Symbole auszuschreiben[8]· Ich setze in die freibleibenden Stellen einen Punkt (vergleichbar den „Gänsefüßchen" bei untereinanderstehenden gleichen Eintragungen in manchen Tabellen):

Beispiel 3:

```
F₁: J K L M K N O K P R S T        F₂: J K L M K L M K I H S T
IR-3-Struktur:   J K L M                J K L M
                 · N O                  · · H
                 · P R S T              · I · S T
```

2. Verrechnung von IR-Strukturen

2.0 Vorbereitung: Sätze über IR-Strukturen

(S1) Gleiche Initiale benachbarter i-gramme aus F stehen in aufeinanderfolgenden Zeilen gleicher Spalten der IR-i-Struktur. Dieser Satz gilt auch bei Vermaschung von Blöcken, d. h. wenn etwa die betreffende Spalte als nicht-erste zu einem ersten und als erste zu einem zweiten Block gehört. (Umgekehrt gilt: Stehen gleiche Symbole in aufeinanderfolgenden Zeilen einer IR-i-Struktur untereinander, so handelt es sich um gleiche Initiale benachbarter i-gramme aus F.)

(S2) Stehen gleiche Symbole in aufeinanderfolgenden Zeilen einer IR-i-Struktur (jeweils fortlaufend) um d Spalten versetzt, so handelt es sich um gleiche Initiale benachbarter $(i+d)$-gramme aus F. Bei Versetzung nach rechts hat d positives, bei Versetzung nach links negatives Vorzeichen. Dieser Satz gilt auch bei Vermaschung von Blöcken[9].

Beispiel 4:

$$
\begin{array}{lllllllll}
i & = 5 & Z & X & Z & B & E & H & K \\
d_1 & = +2 & & Z & C & F & I & L \\
d_2 & = -1 & Z & D & Z & J & M & N & Q \\
& & & Z & I & Z & Q & R & S \\
& & & & I & Q & V & Z & W
\end{array}
$$

(S3.1) Bezeichnet man die Zahl der Zeilen einer IR-Struktur mit h' und die Zahl der Spalten einer IR-Struktur mit $\underline{v}'$, so ist unter der Voraussetzung von END1

$$i(h'-1)+\underline{v}'=n \tag{4.1},$$

also für Beispiel 2:

$$4(15-1)+34=90$$

(S3.2) Für *Teilfolgen*

$$\overset{k=y}{\underset{k=x}{F}} := S_x S_{x+1} \ldots S_k \ldots S_{y-1} S_y \quad (x \geqq 1, y \leqq n) \tag{5}$$

von F und zugehörige Teilstrukturen einer vollständigen IR-Struktur von F gilt

$$i(h-1)+\underline{v}=y-x+1 =: n_{x,y} \tag{4.2},$$

wenn wir bezüglich der Zeilenkoordinaten $z(S_k)$ und der Spaltenkoordinaten $j(S_k)$ definieren

$$h = z(S_y) - z(S_x) + 1 \tag{6.1}$$

$$\underline{v} = j(S_y) - j(S_x) + 1 \tag{6.2}.$$

Für Beispiel 2:

	$z(S_y)$	$z(S_x)$	h	$j(S_y)$	$j(S_x)$	$\underline{v}$	$n_{x,y}$
$\overset{7}{\underset{2}{F}}: = S_2 S_3 \ldots S_7$	2	1	2	3	2	2	$6 = 4\,(2{-}1) + 2$
$\overset{17}{\underset{3}{F}}: = S_3 S_4 \ldots S_{17}$	4	1	4	5	3	3	$15 = 4\,(4{-}1) + 3$
$\overset{90}{\underset{1}{F}}: = S_1 S_2 \ldots S_{90}$	15	1	15	34	1	34	$90 = 4\,(15{-}1) + 34$ END 1; vgl. (4.1)
$\overset{90}{\underset{1}{F}}: = S_1 S_2 \ldots S_{90}$	16	1	16	33	1	30	$90 = 4\,(16{-}1) + 30$ END 2
$\overset{71}{\underset{1}{F}}: = S_1 S_2 \ldots S_{71}$	13	1	13	23	1	23	$71 = 4\,(13{-}1) + 23$
$\overset{36}{\underset{12}{F}}: = S_{12} S_{13} \ldots S_{36}$	7	3	5	12	4	9	$25 = 4\,(5{-}1) + 9$
$\overset{3}{\underset{2}{F}}: = S_2 S_3$	1	1	1	3	2	2	$2 = 4\,(1{-}1) + 2$
$\overset{6}{\underset{5}{F}}: = S_5 S_6$	2	1	2	2	5	-2	$2 = 4\,(2{-}1) -2$

Die – in RICHTER-WEIDMANN [3] benutzte – Beziehung (4.1) ist daran gebunden, daß die IR-Struktur nach END1 abgeschlossen wird. (4.2) ist die allgemeinere Beziehung; wie in vorstehender Tabelle exemplifiziert, erstreckt sie sich auf die Gesamtstruktur als einen Grenzfall beliebiger Teilstrukturen zu Teilfolgen von F und gilt sie für END1 wie für END2.

(S3) Wir definieren zunächst *repräsentative Zeilen-* und *Spaltenkoordinaten* von S_x und S_y in IR-i-Strukturen. Es gelte:

$\zeta\,(S_x)$, die repräsentative Zeilenkoordinate von S_x, ist gleich der Zeilenkoordinate z des in *gleicher Spalte* am weitesten *oben* in der IR-i-Struktur stehenden Symbols.

$\zeta\,(S_y)$, die repräsentative Zeilenkoordinate von S_y, ist gleich der Zeilenkoordinate z des in *gleicher Spalte* am weitesten *unten* in der IR-i-Struktur stehenden Symbols.

$\iota\,(S_x)$, die repräsentative Spaltenkoordinate von S_x, ist gleich der Spaltenkoordinate j des in *gleicher Zeile* am weitesten *links* in der IR-i-Struktur stehenden Symbols.

$\iota\,(S_y)$, die repräsentative Spaltenkoordinate von S_y, ist gleich der Spaltenkoordinate j des in *gleicher Zeile* am weitesten *rechts* in der IR-i-Struktur stehenden Symbols.

Zusatzbestimmungen:

– Ergibt eine erste Anwendung der Definition von ζ, $\iota\,(S_x)$ eine Spaltenkoordinate, die größer ist als die Spaltenkoordinate irgendwelcher in niedrigerer Zeile stehender Symbole, dann gilt die Spaltenkoordinate eines der am weitesten links stehenden Symbole in niedrigerer Zeile als repräsentative Spaltenkoordinate $\iota\,(S_x)$.

— Ergibt eine erste Anwendung der Definition von ζ, $\iota\,(S_y)$ eine Spaltenkoordinate, die kleiner ist als die Spaltenkoordinate irgendwelcher in höherer Zeile stehender Symbole, dann gilt die Spaltenkoordinate eines der am weitesten rechts stehenden Symbole in höherer Zeile als repräsentative Spaltenkoordinate $\iota\,(S_y)$.

Für *Zeilenzahlen* $\qquad \eta = \zeta\,(S_y) - \zeta\,(S_x) + 1$ $\hfill$ (6.3)

und *Spaltenzahlen* $\qquad \varphi = \iota\,(S_y) - \iota\,(S_x) + 1$ $\hfill$ (6.4)

ist dann nach (4.2) und entsprechend (4.1)

$$i\,(\eta - 1) + \varphi = \nu \tag{4}$$

Hierbei ist ν die Länge einer neuen Folge $\overset{\nu}{F}_{\xi}$, deren erstes Symbol S_ξ in der IR-i-Struktur die Koordinaten

$$z\,(S_\xi) = \zeta\,(S_x)\,; j\,(S_\xi) = \iota\,(S_x) \tag{7.1}$$

und deren letztes Symbol S_ν in der IR-i-Struktur die Koordinaten

$$z\,(S_\nu) = \zeta\,(S_y)\,; j\,(S_\nu) = \iota\,(S_y) \tag{7.2}$$

hat. $\overset{\nu}{F}_{\xi}$ heiße i-*repräsentative Folge* (zu $\overset{y}{F}_{x}$). Zu jedem $\overset{y}{F}_{x}$ gibt es genau eine repräsentative Folge. Zu jedem $\overset{\nu}{F}_{\xi}$ gibt es eine nicht-leere Menge von (verschiedenen) $\overset{y}{F}_{x}$, die wir durch $\overset{\nu}{F}_{\xi}$ repräsentiert denken. Es ist

$$\nu - \xi \geqq y - x \tag{8}$$

(S4) Wie man leicht sieht, ist

$$\frac{\nu}{\eta} \geqq i \tag{9}$$

Beispiel 5:

$i = 2$

$$
\begin{array}{c|ccccccccccccccccc}
k & 1 & 2 & 3 & 4 & 5 & 6 & 7 & 8 & 9 & 10 & 11 & 12 & 13 & 14 & 15 & 16 & 17 \\
F: & G & H & G & I & J & I & K & L & M & N & A & B & C & B & D & E & F
\end{array}
$$

$$S_x \text{———} \overset{12}{\underset{6}{F}} \text{———} S_y$$

$$S \text{————} \overset{15}{\underset{1}{F}} \text{————} S$$

(Zusatzbestimmung!)

$\iota\,(S_x) = j\,(S_\xi)$

$z\backslash j$	1	2	3	4	5	6	7	8	9	10	11	j/z
1	G	H										1
2	G	I	J									2
3		I	K	L	M	N	A	B	C			3
4								B	D	E	F	4
	1	2	3	4	5	7	8	8	9	10	11	

$\zeta\,(S_x) =$ (Zeile 2), $z\,(S_\xi)$ (Zeile 3)

$y - x = 12 - 6\,; n_{6,12} = 7$

$\nu - \xi = 15 - 1\,; \nu = 15$

$\zeta\,(S_y) = z\,(S_\nu)$

$$\iota\,(S_y) = j\,(S_\nu)$$

Für Beispiel 2:

	$\zeta(S_y)$	$\zeta(S_x)$	η	$\iota(S_y)$	$\iota(S_x)$	φ	ν	4-repräsentative Folge	
$^{7}F_{2}$	4	1	4	5	1	5	17	$^{17}F_{1}$	
$^{17}F_{3}$	4	1	4	13	1	13	25	$^{25}F_{1}$	
$^{90}F_{1}$	15	1	15	34	1	34	90	$^{90}F_{1}$	END 1
$^{90}F_{1}$	16	1	16	33	1	33	93	$^{93}F_{1}$	END 2
$^{71}F_{1}$	14	1	14	26	1	26	78	$^{78}F_{1}$	
$^{36}F_{12}$	8	1	8	14	2	13	41	$^{42}F_{2}$	
$^{3}F_{2}$	4	1	4	5	1	5	17	$^{17}F_{1}$	
$^{6}F_{5}$	4	1	4	5	1	5	17	$^{17}F_{1}$	

Die Bildung repräsentativer Folgen zielt darauf ab, daß auch IR-Strukturen zu Teilfolgen
der Ausgangsfolge F verrechnet werden können. Sie gewährleistet eine Konsistenz der für
die einzuführenden Maße benötigten quantitativen Beziehungen, wenn die Berechnung
dieser Maße auf repräsentative Folgen beschränkt wird. Außerdem scheint sie eine Prozedur darzustellen, die — um ein Diktum RUSSELs über die Hegelsche Philosophie aufzu-
greifen — gerade soviel strukturelle Sülze an einem herausgegriffenen Textstück haften läßt,
wie hinreichend und notwendig ist. (Anders wäre auch der Preis für metrikbezogene Konsistenz zu hoch.) Die repräsentativen Folgen entstehen als Ergebnis einer Extrapolation,
die sich zeilen- und spaltenweise komplett auf eine formal ausgezeichnete Vorgänger- und
Nachfolgerschaft der Teilfolge erstreckt.

Dabei relativiert sich das Verhältnis von Gesamt- und Teilfolge. Zunächst ist formell
garantiert, daß auch alle nach END 2 abgeschlossenen Folgen F durch eine Folge mit $\nu \geqslant n$
Symbolen repräsentiert und indirekt verrechnet werden können. Hier wird ggf..die definitorische Zusatzbestimmung anzuwenden sein, daß $\iota(S_y)$ in Spezialfällen ausgehend von einem am weitesten rechts stehenden höheren Symbol ermittelt wird[10]). Allerdings ist dies
keine Ad-hoc-Bestimmung für END 2 allein, sondern — wie Beispiel 5 zeigt — konform mit
internen Erfordernissen der Prozedur. Problematisch ist nicht die scheinbare Hinzunahme
virtueller Symbole, jedenfalls nicht unter materialen Bedingungen, wo die Konstruktion
nach END 2 überhaupt sinnvoll ist (z. B. bei hinlänglich weit vom Textende beliebig herausgegriffenen Symbolfolgen F): die in der repräsentativen Folge postulierten Symbole
außerhalb von F könnten jederzeit ermittelt werden, ohne daß sich die (Zeilen-Spalten-)
Struktur ändern würde. Eher ist problematisch, daß die Nachfolgerschaft nicht ebenso komplett, wie strukturintern, berücksichtigt wird. Dies zeigt sich vordergründig darin, daß bei

komplettiertem END2 nur die Zahl und Position, nicht aber die Identität der postulierten Symbole bekannt ist. Theoretisch ist der Satz relevant, daß repräsentative Folgen zu Ausgangsfolgen F die einzigen sind, die Element der durch sie repräsentierten Teilfolgenmenge sein können. (Durch die Komplettierung erhält END 2 erst die spezifischen Merkmale eines Endes oder auch Anfangs herausgegriffener Textstücke, zu denen auch Informationsdefekte gehören.)

Man kann sich auf zwei Weisen zu dieser Relativität oder Unbestimmtheit verhalten:

a) Man betrachtet das Ausgangs-F von vornherein als Teilfolge und legt allen Analysen und Berechnungen i-repräsentative Folgen zugrunde, die über die untere und obere Grenze von F hinausgehen. Umgekehrt kann man auch statt einer Extrapolation über F hinaus als eine gleichsam abgeleitete Gesamtfolge diejenige Teilfolge von F betrachten, deren *innerhalb von F* liegende repräsentative Folge sich bei Hinzunahme von Symbolen vor S_1 und hinter S_n nicht ändert. (Die Folge $\overset{15}{\underset{1}{F}}$ im Beispiel 5 könnte keine solche repräsentative Folge einer abgeleiteten Gesamtfolge sein. Das Ende bei S_{15} erfüllt zwar die einschlägige Konstanzbedingung[11], aber jede denkbare Vorgängerschaft von S_1 würde den Anfang der repräsentativen Folge ändern. Damit scheidet $\overset{12}{F}$ wie jedes Element der durch $\overset{15}{\underset{1}{F}}{}^{6}$ repräsentierten Menge als abgeleitete Gesamtfolge aus.) Beiläufig werden in diesem Zusammenhang Umrisse von Optimierungskriterien für die Isolierung von Textabschnitten sichtbar.

b) Man akzeptiert den faktischen Anfang und das (allfällig komplettierte) faktische Ende eines gegebenen F als absolute Grenzen eines in sich geschlossenen Ganzen.

Wofür man sich entscheidet, sollte von Analyseziel abhängen. Das angebotene formale Instrumentarium trägt beiden Möglichkeiten Rechnung. In den Beispielen dieses Aufsatzes werden wir uns entsprechend b verhalten.

2.1 Maße

(M1)

Wir definieren für beliebige i-repräsentative Folgen zu F ein Maß

$$Q_i = \frac{i\,(\eta - 1)}{\nu - i} \tag{10}.$$

Das Verhalten dieses Maßes zeigt sich an folgenden Ableitungen: Nach (4) ist

$$Q_i = \frac{i\,(\eta - 1)}{i\,(\eta - 1) + \varphi - i} \tag{10.1}$$

Uns interessiert das Verhältnis von Spalten- und Zeilenzahl bei bestimmten Größen von Q_i. Setzen wir, für $0 < Q_i < 1$,

$$Q_i = \frac{\text{Zähler}}{\text{Nenner}}$$

124

so ergibt sich durch Umformung von (10.1) der allgemeine Zusammenhang

$$\varphi = i \left[\left(\frac{\text{Nenner}}{\text{Zähler}} - 1 \right) \eta - \left(\frac{\text{Nenner}}{\text{Zähler}} - 2 \right) \right] \tag{11}$$

$$\eta = \frac{\varphi}{i \left(\frac{\text{Nenner}}{\text{Zähler}} - 1 \right)} + \frac{\frac{\text{Nenner}}{\text{Zähler}} - 2}{\frac{\text{Nenner}}{\text{Zähler}} - 1} \tag{12}$$

Z.B.: für $Q_i = 1/4$ ist $\varphi = i\,(3\eta - 2)$ und $\eta = \frac{\varphi}{3i} + \frac{2}{3}$

für $Q_i = 1/3$ ist $\varphi = i\,(2\eta - 1)$ und $\eta = \frac{\varphi}{2i} + \frac{1}{2}$

für $Q_i = 1/2$ ist $\varphi = i\,\eta$ und $\eta = \frac{\varphi}{i}$

für $Q_i = 2/3$ ist $\varphi = i\,(\frac{\eta}{2} + \frac{1}{2})$ und $\eta = \frac{2\varphi}{i} - 1$

für $Q_i = 3/4$ ist $\varphi = i\,(\frac{\eta}{3} + \frac{2}{3})$ und $\eta = \frac{3\varphi}{i} - 2$

Dabei geht (11) mit zunehmender Angleichung von Zähler und Nenner über in

$$\varphi = i\,[\,(1-1)\,\eta - (1-2)\,] \tag{11'},$$
$$= i$$

woraus resultiert $\eta = \frac{\nu + i - \varphi}{i}$ | nach (4)

$$= \frac{\nu}{i} \qquad | \varphi = i \text{ nach } (11') \tag{12'}.$$

Geht Q_i andererseits gegen 0, überwiegt der Nenner den Zähler dermaßen, daß die allgemeine Beziehung (12) übergeht in

$$\eta = \frac{\varphi}{i\,(G-1)} + \frac{G-2}{G-1} \qquad | G = \frac{\text{Nenner}}{\text{Zähler}} \text{ für Nenner} \to \infty$$

$$= \quad 0 \quad + \quad 1 \qquad | G \to \infty$$

$$= \quad 1 \tag{12''},$$

woraus

$$\varphi = \nu - i\,(\eta - 1) \qquad | \text{ nach } (4)$$

$$= \nu \qquad | \eta = 1 \text{ nach } (12'') \tag{11''}.$$

Werte von Q_i, die a) größer als $+1$ und b) kleiner als 0 sind, kommen nicht vor:

a) $Q_i > 1$ würde verlangen, daß

$i\,(\eta - 1) > \nu - i$

$i\,\eta - i > \nu - i$

$i\,\eta > \nu$

Dies widerspricht den konstruktiven Voraussetzungen, insbesondere der Folgerung (9).
Umfaßt $\overset{v}{\underset{\xi}{F}}$ etwa 20 Symbole und wird die IR-4-Struktur aufgestellt, können nicht mehr
als 5 Zeilen anfallen[12]).

    b) $Q_i < 0$ würde verlangen, daß
    ba) $i(\eta - 1) < 0$ oder (streng alternativ) bb) $v - i < 0$
        $i\eta - i\ < 0$

ba) ist unmöglich, da i und η positive ganze Zahlen sind. bb) widerspricht der Konstruktionsvorschrift (3) bzw. (4)–(8).

Wir gelangen durch vorstehende Überlegungen zu der Erwartung, daß Q_i bei gleichem
i a) für gleiches φ mit zunehmendem η bzw. b) für gleiches η mit abnehmendem φ monoton
wächst:

$$Q_{i1} > Q_{i2}$$

$$\frac{i(\eta_1 - 1)}{i(\eta_1 - 1) + \varphi_1 - i} > \frac{i(\eta_2 - 1)}{i(\eta_2 - 1) + \varphi_2 - i} \tag{13}.$$

a) $\varphi_1 = \varphi_2 = \varphi$:
Die Ungleichung (13) ist zu schreiben

$$\frac{i(\eta_1 - 1)}{i(\eta_1 - 1) + \varphi - i} > \frac{i(\eta_2 - 1)}{i(\eta_2 - 1) + \varphi - i} \tag{13.1},$$

woraus

$$i\eta_1(\varphi - 2i) > i\eta_2(\varphi - 2i)$$
$$\eta_1 > \eta_2$$

b) $\eta_1 = \eta_2 = \eta$:
Aus

$$\frac{i(\eta - 1)}{i(\eta - 1) + \varphi_1 - i} > \frac{i(\eta - 1)}{i(\eta - 1) + \varphi_2 - i} \tag{13.2}$$

folgt sofort $\varphi_1 < \varphi_2$

Eine Veranschaulichung der Abnahme von Q_i mit Zunahme von φ und der Zunahme von
Q_i mit Zunahme von η bietet Fig. 2. (Die Linienzüge resultieren aus konkreten Einsetzungen, wie angeschrieben, in die Gleichungen (11) bzw. (12)[13]).)

Der Aussagewert von Q_i läßt sich summarisch wie folgt charakterisieren:
Q_i mißt die mehr senkrechte oder mehr waagerechte Erstreckung einer IR-i-Struktur[14]).

126

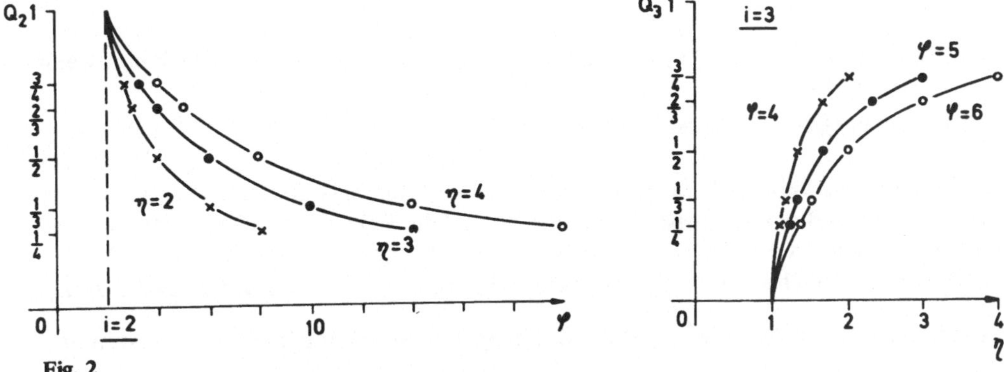

Fig. 2

Je „senkrechter" eine Struktur (durch Zeilenbildung) ist, desto größer wird ceteris paribus Q_i. Gibt es nur eine Zeile, ist Q_i gleich 0; sind alle ν Symbole in einem einzigen Block aus i Spalten angeordnet, derart daß $\nu = i\eta$, hat Q_i den Betrag 1. $Q_i = 0{,}5$ drückt ein Gleichgewicht zwischen Spalten und Zeilen aus, das gleichsam seinerseits durch i gewichtet ist. Für $Q_1 = 0{,}5$ sind Spalten- und Zeilenzahl gleich; allgemeiner besagt die Gewichtung durch i, daß für $Q_i = 0{,}5$ die Zahl der Symbole mit gleichspaltigen Nachfolgern gleich der um i verminderten Zahl der Symbole ohne solche Vergänger oder Nachfolger ist. (Ohne diese Verminderung würde die Spaltenzahl nicht das i-fache der Zeilenzahl betragen, also bei $Q_1 = 0{,}5$ auch nicht genau gleich der Zeilenzahl sein.) Insgesamt bezieht Q_i die Zahl der Symbole mit gleichspaltigem Vorgänger bzw. die Zahl der Symbole mit gleichspaltigem Nachfolger auf die Gesamtzahl der Symbole, die einen gleichspaltigen Nachfolger bzw. einen gleichspaltigen Vorgänger haben können. Die einschlägigen Beziehungen sind invariant gegen die Lokalisierung der Blöcke und unabhängig davon, ob Blöcke vermascht sind oder nicht.

Beispiel 6:

$$
\begin{array}{llll}
i & = 3 & /\,/\,/ & \ldots/\,/\,/ \\
\eta & = 5 & 0\,0\,0 & 0\,0\,0\,/ \\
\varphi & = 15 & 0\,0\,0 & 0\,0\,0 \\
\nu = n & = 27 & 0\,0\,0 & 0\,0\,0\ldots\ldots/\,/\,/ \\
Q_3 & = 0{,}5 & 0\,0\,0\ldots\ldots\ldots\ldots & 0\,0\,0 \\
\end{array}
$$

0   Symbole mit gleichspaltigem Vorgänger
/   Symbole mit gleichspaltigem Nachfolger
.   sonstige Symbole

Offenbar hängt Q_i mit der einfacheren Verhältniszahl

$$\frac{i\eta}{\nu} = Q_i' \tag{14}$$

zusammen. Durch Einsetzung in (10) und Umformung ergibt sich

$$Q_i = Q_i' \cdot \frac{\nu - \dfrac{\nu}{\eta}}{\nu - i} \tag{15};$$

127

Mithin ist Q_i, wenn $\frac{\nu}{\eta}$ und $i \ll \nu$, annähernd gleich Q_i'. Streng gilt $Q_i = Q_i'$ jedoch nur, wenn $\frac{\nu}{\eta} = i$, also wenn $Q_i = 1$. Sonst ist $\frac{\nu}{\eta} > i$, also $Q_i < Q_i'$. Wir haben in (14) und (15) eine weitere Formulierung dafür, daß der Wert 1 von Q_i der vollständigen Bindung aller ν Symbole in einem einzigen Block mit i-spaltigen Zeilen entspricht. Bei anderen Werten von Q_i fallen in mindestens einer der η Zeilen zusätzliche Symbole bzw. Spalten an, derart daß $\nu > i\eta$ und Q_i' sowie erst recht $Q_i < 1$. Q_i' stellt keinen Ersatz für Q_i dar. Sein Minimalwert ist nicht 0, sondern die variable Größe $\frac{i}{\nu}$, und die Zeilen-Spalten-Beziehung für $Q_i' = 0{,}5$ bestimmt sich als $\varphi = i\,(\eta + 1)$, was nach der vorausgehenden Analyse von Q_i nicht verwundern sollte.

Wir können hier anschließend noch die Frage erörtern, was eine Gleichheit der Werte bei verschiedenem i besagt. Damit hängt die Frage zusammen, ob Q_i-Werte für verschiedenes i vergleichbar sind.

Die Alternativfrage ist zu bejahen. Q_i stellt eine Verhältniszahl dar, die für jegliches i die Zahl strukturell gebundener Symbole auf die Zahl strukturell bindbarer Symbole bezieht. Es ist speziell relevant, daß auch im Zähler eine *Symbol*zahl auftritt. Damit erledigt sich der denkbare Einwand, ein gegebenes ν könne für großes i doch nicht ebenso „fein" in benachbarte i-gramme mit gleichem Initial aufgeteilt werden wie für kleines i. Dieser Einwand verkennt, daß eben nicht eine i-gramm-Zahl auf $(\nu - i)$ bezogen wird, sondern die Gesamtzahl der Symbole in einschlägigen i-grammen. Daß für Digramme in insgesamt sieben Zeilen $6 \cdot 2$ und für Hexagramme in insgesamt drei Zeilen $2 \cdot 6$ Symbole von $(26-2)$ bzw. $(30-6)$ Symbolen, die gleichspaltige Nachfolger haben können, tatsächlich einen solchen haben, ist eine hinlänglich gleichartige Situation, um sie mit einer gleichen Maßzahl kennzeichnen zu können. Natürlich ist ein Block mit sechs Zeilen zu zwei Symbolen „schlanker" als ein Block mit zwei Zeilen zu sechs Symbolen, aber der schlankste Hexagrammblock für $(30-6)$ Symbole hat nur vier Zeilen, dagegen der schlankste Digramm-Block für $(26-2)$ Symbole zwölf. Ein höherer Wert für $6 \cdot 2$ als für $2 \cdot 6$ Zeilen würde also gerade die zu Zwecken der Vergleichbarkeit notwendige Normierung verfehlen:

$$Q_i = \frac{\eta - 1}{(\nu - i) / i} \qquad\qquad (10.2)$$

Hinsichtlich der Frage nach Implikationen einer Gleichheit des Quotientenwertes für verschiedenes i sei folgendes Exempel dargestellt:

Aus (4) ergibt sich sofort

$$Q_i = \frac{\nu - \varphi}{\nu - i} \qquad\qquad (10.3);$$

$$\frac{\nu_1 - \varphi_1}{\nu_1 - i} = \frac{\nu_2 - \varphi_2}{(\nu_2 - i) - d}$$

d sei eine positive oder negative ganze Zahl, derart daß $v_1, v_2 > (i+d) > 0$. Es ist dann

$$\varphi_1 = \frac{v_1 - i}{(v_2 - i) - d}\ (\varphi_2 - v_2) + v_1 \tag{16}.$$

a) $v_1 = v_2, d > 0$: $\quad \varphi_1 = \dfrac{v - i}{(v - i) - d}\ (\varphi_2 - v) + v$

$$= (1 + P)\,\varphi_2 - (1+P)\,v + v\ \left|\ \frac{v-i}{(v-i)-d} = 1 + P; P > 0\right.$$

$$= (1+P)\,\varphi_2 - Pv$$

$$= \varphi_2 + P\,(\varphi - v)\quad |\varphi \leqslant v;\ \text{für}\ v_1 = v_2, d > 0:\ \varphi < v$$

$$= \varphi_2 + N \qquad |P\,(\varphi - v) = N; N < 0$$

$$\varphi_1 < \varphi_2 \tag{16.1}.$$

b) $v_1 = v_2, d < 0$: $\quad \varphi_1 > \varphi_2 \tag{16.2}.$

(Dies folgt, über $\varphi_1 = \varphi_2 - N$, analog a oder direkt durch entsprechende Interpretation von a.)

(S5) Ergeben sich für zwei repräsentative Folgen mit gleichem v, bzw. für die gleiche repräsentative Folge, bei verschiedenem i gleiche Quotientenwerte, hat die IR-Struktur mit dem größeren i mehr Spalten als die IR-Struktur mit dem kleineren i. (Z.B. gehört zu $Q_4 = 1/3$ mit $v_1 = 40$ ein φ_1 von 28, zu $Q_{10} = 1/3$ mit $v_2 = 40$ ein φ_2 von 30.)

Entsprechend könnten Aussagen über v_1 und v_2 bei gleichem η usw. gemacht werden.

(M2)

Es sei r_i die Zahl der Symbole S_k^p aus einer repräsentativen Folge zu F, die in der zugehörigen IR-Struktur ein gleiches Symbol als gleichspaltigen Vorgänger bzw. Nachfolger $S_{k\pm i}^p$ haben. Hiermit definieren wir für beliebige repräsentative Folgen das Maß

$$R_i = \frac{r_i}{v - i} \tag{17}$$

Für die Beurteilung von R_i sind folgende Überlegungen wesentlich:

(S6) Für repräsentative Folgen ist die Zahl der Symbole mit gleichem Vorgänger in jeweils gleicher Spalte einer IR-i-Struktur gleich der Zahl der Symbole mit gleichem Nachfolger in jeweils gleicher Spalte derselben IR-i-Struktur. Dies gilt nicht für beliebige Teilfolgen aus F.

Es ist evident, daß in beliebigen zusammenhängenden — d. h. aus aufeinanderfolgenden Symbolen von F bestehenden — Teilstrukturen einer IR-Struktur die Zahl der Symbole mit gleichspaltigem Nachfolger *in der betreffenden Teilstruktur* gleich der Zahl der Symbole mit gleichspaltigem Nachfolger *in der betreffenden Teilstruktur* ist. (Für IR-Strukturen zu repräsentativen Folgen vgl. Beispiel 6, bezüglich nicht-repräsentativen Folgen vgl. $\overset{3}{\underset{2}{F}}, \overset{6}{\underset{5}{F}}$ und $\overset{36}{\underset{12}{F}}$ aus der Tabelle hinter Formel (6.2).) Hiernach sieht man unschwer ein, daß in beliebigen zusammenhängenden Teilstrukturen einer IR-Struktur auch die Zahl der Symbole mit *gleichem* gleichspaltigem Vorgänger gleich der Zahl der Symbole mit gleichem Nachfolger in jeweils gleicher Spalte ist, sofern die betreffende Teilstruktur „immanent" betrachtet wird.

Werden demgegenüber auch gleichspaltige Vorgänger und Nachfolger außerhalb der jeweiligen zusammenhängenden Teilstruktur berücksichtigt, gelten diese Gleichheiten nicht mehr unter allemUmständen.

Beispiel 7:

$i = 5$ K L D X A B X
             D Y A B C
             D E A Y C X Y

Für die zusammenhängende Teilstruktur ABC/D (unterstrichene Symbole) gilt hier in der ausgedehnten (nicht-immanenten) Betrachtungsweise:

Zahl der Symbole mit gleichspaltigem Vorgänger: 4,
             davon mit gleichem Vorgänger: 3;

Zahl der Symbole mit gleichspaltigem Nachfolger: 3,
             davon mit gleichem Nachfolger: 2.

(Teilstrukturimmanent sind alle verglichenen Anzahlen 0. In der Teilstruktur /DYABC/DE haben immanent je zwei Symbole einen gleichspaltigen Vorgänger bzw. Nachfolger; je ein Symbol hat einen gleichen gleichspaltigen Vorgänger bzw. Nachfolger.)

Die repräsentative Folge der Teilfolge ABCD ist DX . . . XY. Die zugehörige Teilstruktur enthält wie per definitionem jede Teilstruktur zu einer repräsentativen Folge in jeder Spalte genau 1 Symbol ohne gleichspaltigen Vorgänger und in jeder Spalte genau 1 Symbol ohne gleichspaltigen Nachfolger. Damit ist für eine Teilstruktur zu einer repräsentativen Folge überhaupt nur die „immanente" Betrachtungsweise möglich; es gelten die im Anschluß an (S6) konstatierten Gleichheiten und (S6) selbst. (Man vergegenwärtige sich, daß jene Gleichheiten nicht gelten, wenn man lediglich die Einbettung einer selbst nicht-repräsentativen beliebigen zusammenhängenden Teilfolge in die Teilstruktur zur zugehörigen repräsentativen Folge berücksichtigt. Dabei ist eine umfassendere Einbettung als in genau solche „repräsentativen Teilstrukturen" bei der spaltenweisen Vorgänger-Nachfolger-Zählung gar nicht realisierbar.)

Durch (S6) wird deutlich, daß die Maßzahl R_i für ganze IR-Strukturen oder Teile davon konsistent ist — soweit eben diese IR-Strukturen solche zu repräsentativen Folgen sind[15].

Bei Vorliegen „virtueller" Symbole nach END 2 führen wir keine besondere Konvention ein, um womöglich im Zähler von R_i dem Umstand Rechnung zu tragen, daß sich das $(n+1)$-te usw. Symbol als gleich mit dem $(n-i+1)$-ten usw. erweisen könnte. Die Gleichspaltigkeit ist prognostizierbar, die Gleichheit nicht[16]. Im wichtigen grammatikalischen oder statistischen Zweifelsfall muß man eben ein längeres Textstück analysieren — vgl. die obige Bemerkung über Ende und Anfang. Prozedurale Schwierigkeiten treten nicht auf; wir erhalten trivialerweise das gleich r_i, wenn wir die „virtuellen" Symbole durch Symbole konkretisiert denken, die keine gleichen Vorgänger in ihrer Spalte haben, und wenn wir die virtuellen Symbole ignorieren. (Dann gibt es trotzdem in jeder Spalte genau 1 Symbol ohne gleichspaltigen Nachfolger und — bei unveränderter anfangsseitiger Repräsentativität der Folge — in jeder Spalte genau 1 Symbol ohne gleichspaltigen Vorgänger.) Gegen eine Änderung des Nenners spricht die im folgenden vorzunehmende Relationierung von Q_i und R_i.

Summarisch charakterisiert, ist R_i ein Maß der Repetitivität im Abstand i[17]. Es bezieht die Zahl der Initiale solcher i-gramme, denen i-gramme mit gleichem Initial — entweder nach vorwärts oder nach rückwärts — benachbart sind, auf die Zahl der Symbole, die Initiale solcher i-gramme sein können:

Fig. 3

Möglichkeiten, aus v Symbolen benachbarte i-gramme mit gleichem Initial zu bilden[18]:

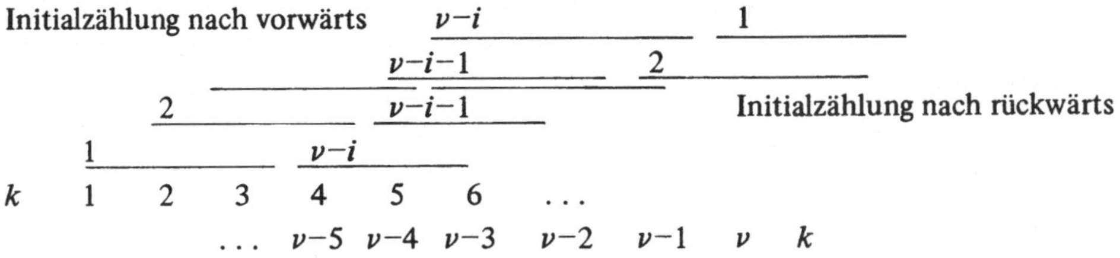

$$
\begin{array}{lccccccccccccc}
\text{Initialzählung nach vorwärts} & & & v-i & & & & 1 & & & & \\
 & & & v-i-1 & & 2 & & & & & \\
 & 2 & & v-i-1 & & & & \text{Initialzählung nach rückwärts} \\
 1 & & v-i & & & & & \\
k & 1 & 2 & 3 & 4 & 5 & 6 & \ldots & \\
 & & & \ldots & v-5 & v-4 & v-3 & v-2 & v-1 & v & k
\end{array}
$$

Es ist offenbar
$$0 \leqq R_i \leqq 1 \qquad (18)[19].$$
Offenbar ist weiter
$$R_1 = Q_1 \qquad (19.1).$$
Es ist in diesem Zusammenhang nützlich, sich zu vergegenwärtigen, daß die Zahl der Punkte bei einer Schreibung wie im Beispiel 3 gleich r_i ist. Auch ist
$$R_i = Q_i = 0, \text{ wenn } \eta = 1 \qquad (19.2).$$

(M3)

Mit den bei (M1) und (M2) benutzten Größen kann definiert werden

$$D_i = \frac{r_i - (\eta - 1)}{(i-1)(\eta - 1)} \qquad \begin{array}{l}(\text{für } i \geqq 2, \\ \eta \geqq 2)\end{array} \qquad (20).$$

Die Grundidee dieses Quotienten wird deutlich, wenn man sich vorstellt, es wäre R_i auf Q_i bzw. (wegen der Gleichheit des Nenners in beiden Maßen) die Zahl der gleichspaltigen Symbole mit gleichem unmittelbarem Vorgänger auf die Zahl der strukturell gebundenen Symbole überhaupt zu beziehen. Hierbei würde der Einfluß von v eliminiert.

Da wiederum eine Variation der Maßzahl zwischen 0 und 1 wünschenswert ist, beziehen wir nicht direkt r_i auf $i(\eta - 1)$. Würde so verfahren, könnte nie der Wert 0 erreicht werden, denn sobald die IR-Struktur aus mehr als einer Zeile besteht, ist die Zahl der gleichen Symbole in gleicher Spalte von 0 verschieden, auch wenn in allen nicht-ersten Blockspalten keine gleichen Symbole aufeinanderfolgen. Es erscheint aber sinnvoll, gerade diesem Fall durch (M3) den Wert 0 zuzuschreiben.

Wir manipulieren deshalb den Zähler und Nenner bei (M3) ähnlich wie früher den Zähler und Nenner von (M1), diesmal aber in einer weiteren Dimension. Bei Q_i waren ν und $i\eta$ um i vermindert worden, weil in jeder von i Spalten mit mehr als einem Symbol jeweils ein Symbol keinen gleichspaltigen Vorgänger bzw. Nachfolger haben kann. r_i zählte dementsprechend nicht alle in einer Spalte jeweils unmittelbar aufeinanderfolgenden gleichen Symbole, sondern nur die jeweiligen Nachfolger bzw. Vorgänger, deren Zahl um 1 niedriger ist. Jetzt vermindern wir tendentiell die Größen r_i und $i(\eta-1)$ um η, weil in jeder von $\eta(>1)$ Zeilen jeweils ein Symbol einen gleichen unmittelbaren Vorgänger bzw. Nachfolger in seiner Spalte haben muß: hierauf beruht ja die gegebene Zeilen-Spalten-Struktur. Faktisch allerdings würde die Subtraktion von η zu weit gehen, da die Verminderung um i nicht rückgängig gemacht wurde; es darf nur eine Verminderung um $\eta-1$ vorgenommen werden:

Beispiel 8:

$i = 2$

$r_2 = 7$

$\eta = 6$

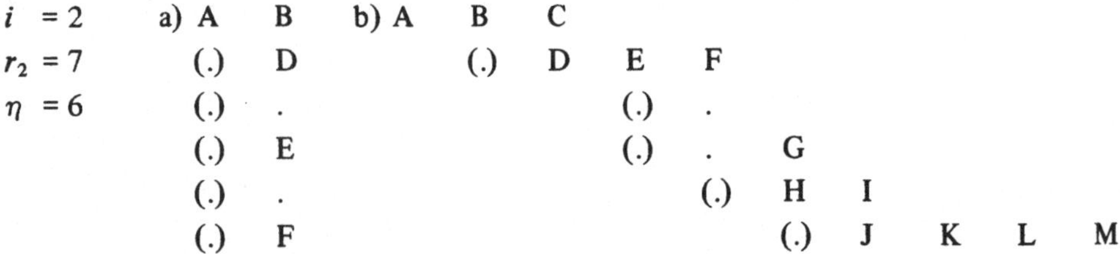

( ) Symbol, das ohne Änderung der Zeilen-Spalten-Anordnung kein anderes Symbol als gleichspaltigen Vorgänger haben kann

a) $\nu = 12$ b) $\nu = 20$

  $\varphi = 2$ $\varphi = 12$

$Q_2 = \frac{10}{10}$ $Q_2 = \frac{10}{18}$

$R_2 = \frac{7}{10}$ $R_2 = \frac{7}{18}$

$D_2 = \frac{2}{5}$ $D_2 = \frac{2}{5}$

Wir können also D_i aus dem plausiblen Ansatz herleiten:

$$\text{für den Zähler:} \quad r_i - \eta + 1 = r_i - (\eta - 1) \tag{20'}$$

$$\text{für den Nenner:} \quad i(\eta - 1) - (\eta - 1)$$

$$= (i - 1)(\eta - 1) \tag{20''}.$$

Da $\quad 0 \leqslant r_i \leqslant i(\eta - 1)$ bzw. $0 \leqslant r_i - (\eta - 1) \leqslant (i - 1)(\eta - 1),$

ist $$\qquad 0 \leqslant D_i \leqslant 1 \tag{21}.$$

Es ist für $D_i = 1$

$$\frac{r_i - (\eta - 1)}{i(\eta - 1) - (\eta - 1)} = 1$$

$$r_i - (\eta - 1) = i(\eta - 1) - (\eta - 1)$$

$$r_i = i(\eta - 1)$$

$$\frac{r_i}{i(\eta - 1)} = 1 = \frac{r_i / (v - i)}{i(\eta - 1) / (v - i)}$$

$$D_i = \frac{R_i}{Q_i} \tag{22}.$$

Es sei auf die Analogie zu (14) und (15) hingewiesen. Ließe man die Berechnung von D_i für $\eta = 1$ zu, würde man durchgängig den Wert $\frac{0}{0}$ erhalten; desgleichen würde, falls zugelassen, durchgängig $D_1 = \frac{0}{0}$ sein. Dieser Bruch könnte, wie üblich, definitorisch gleich 1 gesetzt werden, was mit (19) und (22) konform wäre. Andererseits ist die Gleichheit von R_i und Q_i unter weniger extremen Bedingungen weniger trivial, so daß die Einschränkung bei Formel (20) angezeigt schien.

Für $D_i = 0$ ist

$$\frac{r_i - (\eta - 1)}{(i - 1)(\eta - 1)} = 0$$

$$r_i = \eta - 1 \tag{23}.$$

Dies entspricht genau dem eingangs der Definition von (M3) formulierten Desiderat. Bei $D_i = 0$ ist gleichsam keine überschüssige repetitive Luft in der Spalten-Zeilen-Anordnung, d. h. es tritt keine Symbolrepetition außer der auf, welche die jeweils vorliegende Zeilen-Spalten-Anordnung determiniert (vgl. Beispiel 8; hier wäre $D_2 = 0$, wenn die Repetitionen — im Abstand i — des Symbols F in der fünften Spalte von b fortfallen würden).

D_i wächst monoton bei gleichem i a) für gleiches η mit zunehmendem r_i und b) für gleiches r_i mit abnehmendem η.

$$D_{i1} > D_{i2}$$

a) $\eta_1 = \eta_2 = \eta$:

$$\frac{r_{i1} - (\eta - 1)}{(i - 1)(\eta - 1)} > \frac{r_{i2} - (\eta - 1)}{(i - 1)(\eta - 1)}$$

$$r_{i1} > r_{i2} \tag{24.1}.$$

b) $r_{i1} = r_{i2} = r_i$:

$$\frac{r_i-(\eta_1-1)}{(i-1)(\eta_1-1)} > \frac{r_i-(\eta_2-1)}{(i-1)(\eta_2-1)}$$

$$\frac{r_i}{\eta_1-1}-1 > \frac{r_i}{\eta_2-1}-1$$

$$\frac{\eta_1-1}{r_i} < \frac{\eta_2-1}{r_i}$$

$$\eta_1 < \eta_2 \tag{24.2}$$

(Beispielsweise hat D_3 für $\eta = 5$ den Wert 1/2, wenn $r_3 = 8$, und den Wert 3/8, wenn $r_3 = 7$. Der Wert von D_3 für $r_3 = 7$ ist 2/3 bei $\eta = 4$ und 3/8 bei $\eta = 5$.)

Zusammenhang von (M1)–(M3):

(S7) Jedes der Maße (M1)–(M3) läßt sich aus den beiden anderen Maßen und i berechnen:

$$Q_i = \frac{i \cdot R_i}{(i-1)\,D_i+1} \tag{25}$$

$$R_i = \frac{Q_i}{i}\left[(i-1)\,D_i+1\right] \tag{26}$$

$$D_i = \frac{1}{i-1}\left(i \cdot \frac{R_i}{Q_i}-1\right) \tag{27}.$$

2.2 Beispiel einer quantitativen Analyse

Wir zeigen mögliche Anwendungen der unter 2.1 eingeführten Maße auf umfangreichere Texte, und zwar an Hand des Beispiels 2 mit $i = 4$.

Es möge im vorhinein feststehen, daß Teilfolgen der Länge l (Symbole) interessieren.

In $\overset{v}{\underset{\xi}{F}}$ gibt es insgesamt $v-l+1$ Teilfolgen der Länge l, also im Beispiel 2, mit $v = 93,84$ Teilfolgen aus 10 Symbolen:

$$\overset{10}{\underset{1}{F}}, \overset{11}{\underset{2}{F}}, \overset{12}{\underset{3}{F}}, \ldots, \overset{92}{\underset{83}{F}}, \overset{93}{\underset{84}{F}}$$

Zu diesen 84 Zehner-Teilfolgen lassen sich empirisch alles in allem 37 repräsentative Teilfolgen ermitteln. Diese sind in der nachfolgenden Tabelle mit ihren Kenngrößen und Werten von Q_4, R_4 und D_4 sowie den jeweils zugeordneten Teilfolgen der Länge 10 zusammengestellt:

repräsentative Folge		zugeordnete Teilfolgen $(l = 10)$		ν	η	r_4	Q_4	R_4	D_4
untere	obere	untere	obere						
Grenze		Grenze							
1	17	1	10	17	4	7	0,92	0,54	0,44
		2	11						
		3	12						
		4	13						
1	25	5	14	25	4	8	0,57	0,38	0,56
2	25	6	15	24	4	8	0,60	0,40	0,56
		7	16						
		8	17						
		9	18						
		10	19						
		11	20						
		12	21						
2	29	13	22	28	5	12	0,67	0,50	0,67
2	30	17	26	29	5	12	0,64	0,48	0,67
2	42	14	23	41	8	19	0,76	0,51	0,57
		15	24						
2	48	16	25	47	9	22	0,74	0,51	0,58
14	42	18	27	29	5	11	0,64	0,44	0,58
		19	28						
		22	31						
		23	32						
14	48	20	29	35	6	14	0,65	0,45	0,60
		21	30						
		24	33						
		25	34						
22	42	26	35	21	5	11	0,94	0,65	0,58
		27	36						
22	44	31	40	23	5	11	0,84	0,58	0,58
22	48	28	37	27	6	14	0,87	0,61	0,60
		29	38						
		32	41						
		33	42						
22	50	36	45	29	6	14	0.80	0,56	0,60
		37	46						
22	54	35	44	33	7	15	0,83	0,52	0,50
		39	48						
		40	49						
22	61	41	50	40	8	16	0,78	0,44	0,43
		45	54						
26	44	30	39	19	4	7	0,80	0,47	0,44
27	54	34	43	28	6	11	0,83	0,46	0,40
		38	47						
27	57	42	51	31	6	11	0,74	0,41	0,40

repräsentative Folge		zugeordnete Teilfolgen $(l = 10)$		ν	η	r_4	Q_4	R_4	D_4
untere	obere	untere	obere						
Grenze		Grenze							
27	61	46	55	35	7	12	0,77	0,39	0,33
39	57	43	52	19	3	4	0,53	0,27	0,33
		44	53						
41	61	47	56	21	4	5	0,71	0,39	0,22
41	64	51	60	24	4	5	0,60	0,25	0,22
41	68	48	57	28	5	8	0,67	0,33	0,33
		52	61						
45	64	49	58	20	3	2	0,50	0,13	0
		50	59						
47	68	53	62	22	4	5	0,67	0,28	0,22
47	78	54	63	32	6	9	0,71	0,32	0,27
		58	67						
51	70	56	65	20	3	4	0,50	0,25	0,33
		57	66						
51	78	55	64	28	5	8	0,67	0,33	0,33
54	78	59	68	25	5	8	0,76	0,38	0,33
		60	69						
		61	70						
		65	74						
58	78	62	71	21	4	7	0,71	0,41	0,44
		63	72						
		64	73						
61	84	66	75	24	4	7	0,60	0,35	0,44
		67	76						
		68	77						
		71	80						
61	88	72	81	28	5	9	0,67	0,37	0,42
61	89	76	85	29	5	9	0,64	0,36	0,42
61	93	74	84	33	6	10	0,69	0,34	0,33
65	84	69	78	20	3	4	0,50	0,25	0,33
		70	79						
67	93	73	82	27	5	7	0,70	0,30	0,25
		74	83						
		77	86						
		78	87						
75	93	79	88	19	3	3	0,53	0,20	0,17
		80	89						
		81	90						
		82	91						
		83	92						
		84	93						

Gesamtfolge:

136	1	93			93	16	34	0,67	0,38	0,42

Es sind jetzt verschiedene Typen von Analyse-Aussagen möglich, wobei man bemerken wird, daß nicht bei jedem Typ die gesamte Information der vorstehenden Tabelle benötigt wird. (Ein Pfeil bezeichnet den Übergang von einer Teilfolge zu ihrer repräsentativen Folge.)

a) Die Repetitivität (im weitesten Sinn) in der Umgebung von Teilfolgen an verschiedenen Stellen der Ausgangsfolge wird verglichen, z. B.:

$$\overset{25}{\underset{16}{F}} \text{ vs. } \overset{77}{\underset{68}{F}}$$

$$\downarrow \qquad \downarrow$$

$$\overset{48}{\underset{2}{F}} \text{ vs. } \overset{84}{\underset{61}{F}}$$

mit

$$Q_4: \quad 0{,}74 \quad 0{,}60$$
$$R_4: \quad 0{,}51 \quad 0{,}35$$
$$D_4: \quad 0{,}58 \quad 0{,}44$$

Zum gleichen Analysetyp gehört naturgemäß auch ein Vergleich von Teilfolgen mit verschiedenem l hinsichtlich der aus zugehörigen repräsentativen Folgen berechneten Maßzahlen.

b) Die Entwicklung der Repetitivität in der Umgebung aufeinanderfolgender, im Sinn obiger i-gramm-Definitionen benachbarter Teilfolgen der Länge l wird in terminis der Maßzahlen zugehöriger repräsentativer Folgen charakterisiert, z. B.:

	Q_4	R_4	D_4
$\overset{10}{\underset{1}{F}} \to \overset{17}{\underset{1}{F}}$	0,92	0,54	0,44
$\overset{20}{\underset{11}{F}} \to \overset{25}{\underset{2}{F}}$	0,60	0,40	0,56
$\overset{30}{\underset{21}{F}} \to \overset{48}{\underset{14}{F}}$	0,64	0,45	0,60
$\overset{40}{\underset{31}{F}} \to \overset{44}{\underset{22}{F}}$	0,84	0,58	0,58
$\overset{50}{\underset{41}{F}} \to \overset{61}{\underset{22}{F}}$	0,78	0,44	0,43
$\overset{60}{\underset{51}{F}} \to \overset{64}{\underset{41}{F}}$	0,60	0,25	0,22
$\overset{70}{\underset{61}{F}} \to \overset{78}{\underset{54}{F}}$	0,76	0,38	0,33
$\overset{80}{\underset{71}{F}} \to \overset{84}{\underset{61}{F}}$	0,60	0,35	0,44
$\overset{90}{\underset{81}{F}} \to \overset{93}{\underset{75}{F}}$	0,53	0,20	0,17

c) Die Entwicklung der Repetitivität bezüglich von Teilfolgen der Länge l wird in terminis der Maßzahlen benachbarter oder wenig überlappender repräsentativer Folgen charakterisiert; es wird verlangt, daß in den repräsentativen Folgen insgesamt alle Symbole der Ausgangsfolge mindestens einmal vorkommen; z. B.:

	ν	Q_4	R_4	D_4
$F^{25}_{1} \leftarrow F^{14}_{5}$	25	0,57	0,38	0,56
$F^{42}_{22} \leftarrow F^{35}_{26}$	21	0,94	0,65	0,58
$\leftarrow F^{36}_{27}$				
$F^{61}_{41} \leftarrow F^{56}_{47}$	21	0,71	0,39	0,22
$F^{93}_{61} \leftarrow F^{84}_{75}$	33	0,69	0,34	0,33

$$\Sigma\nu = 100$$
$$\nu \text{ ges.} = 93$$

Die vorstehend herangezogenen Teilfolgen sind in der ausgeschriebenen IR-4-Struktur von Beispiel 2, S.   , markiert:

   ⌐   Beginn einer repräsentativen Folge
   ⌙   Ende einer repräsentativen Folge
 —— repräsentierte Teilfolge mit $l = 10$.

Verschärfend könnte verlangt werden, daß auch in den repräsentierten Teilfolgen insgesamt alle Symbole der Ausgangsfolge vorkommen. Der Umstand, daß diese Forderung leicht mit der Forderung nach möglichst geringer Überlappung der repräsentativen Folgen kollidiert, läßt eine spezielle Optimierungsproblematik erkennen.

d) Die Entwicklung der Repetitivität bezüglich von Teilfolgen der Länge l wird in terminis des Maßzahlendurchschnitts für die einzelnen Symbole der Ausgangsfolge charakterisiert.

Vorgegebene Kriterien sind

   — die Größe i (Strukturierungsordnung)
   — die Größe l (Teilfolgen-Länge).

Unter ν Symbolen der Ausgangsfolge kommen $\nu - 2(l-1)$ in genau l Teilfolgen der Länge l vor. (Ist z. B. $l = 10$, kommt S_1 nur in einer, S_2 nur in zwei, . . . , S_9 nur in neun Zehnersequenzen vor; entsprechend S_ν nur in einer, $S_{\nu-1}$ nur in zwei, . . . , $S_{\nu-8}$ nur in neun Zehnersequenzen.)

Jedem der $\nu - 2(l-1)$ Symbole an einer Stelle k in F ist damit eine Menge von Teilfolgen der Länge l,

$$\mathcal{M}_k := \left\{ F^{k}_{k-l+1}, \; F^{k+1}_{k-l+2}, \; \ldots, \; F^{k+l-1}_{k} \right\} \tag{28}$$

zugeordnet, außerdem eine Menge $\mathcal{R}_k$, die aus den repräsentativen Folgen der in $\mathfrak{M}_k$ als Element auftretenden Teilfolgen besteht. Während $\mathfrak{M}_k$ die Mächtigkeit l hat, kann die Mächtigkeit von $\mathcal{R}_k$ kleiner als l sein; sie ist gleich l, wenn jedes Element von $\mathfrak{M}_k$ eine andere repräsentative Folge besitzt.

Wir bezeichnen mit $Q_{i,\kappa}, R_{i,\kappa}, D_{i,\kappa}$ die Maßzahlen aus der repräsentativen Folge einer Teilfolge der Länge l, in der S_k vorkommt, wobei κ die Werte von 1 bis l annimmt. Es können dann für alle $\nu - 2\,(l-1)$ Symbole S_k die folgenden Durchschnittsmaße berechnet werden:

$$\overline{Q}_{i,k} = \frac{1}{l} \sum_{\kappa=1}^{l} Q_{i,\kappa} \tag{29.1}$$

$$\overline{R}_{i,k} = \frac{1}{l} \sum_{\kappa=1}^{l} R_{i,\kappa} \tag{29.2}$$

$$\overline{D}_{i,k} = \frac{1}{l} \sum_{\kappa=1}^{l} D_{i,\kappa} \tag{29.3}.$$

Entsprechend der potentiell unter l liegenden Mächtigkeit von $\mathcal{R}_k$ kann etwa $Q_{i,\kappa} = Q_{i,\kappa+p}$ sein. Da aber die Durschnittsbildung auf der Menge $\mathfrak{M}_k$ beruht, wird in einem solchen Fall nach (29.1) mehrmals mit dem gleichen Q-Wert in die Summation eingegangen; die Durchschnitte (29.1)–(29.3) sind „gewogen".

Da außerdem z. B.

$$\underset{k-l+2}{\overset{k+1}{F}} \in \mathfrak{M}_k \text{ und zugleich} \in \mathfrak{M}_{k+1},$$

liegt auch eine Art „gleitender" Durchschnittsbildung vor.

Für unser Beispiel 2 ergibt sich:

k	$\overline{Q}_{i,k}$	$\overline{R}_{i,k}$	$\overline{D}_{i,k}$
10	0,73	0,45	0,51
11	0,69	0,44	0,52
...			
83	0,61	0,26	0,24
84	0,59	0,25	0,23

Die vollständigen Ergebnisse dieser Rechnung sind in Fig. 4 graphisch dargestellt[20]).

Ich beschließe hier die Darstellung der Technik; kein Zweifel, daß dieser Beschluß eher zufällig als systematisch motiviert ist. Eine ganze Reihe von Fragen ist offen geblieben oder stellt sich mit Fortschritten in der Entwicklung des Verfahrens neu. Teilweise sind in der Arbeit an dem Projekt „Semantisch bedingte Kommunikationskonflikte" bereits Antwortmöglichkeiten erkennbar geworden; hierzu sei auf kommende Publikationen verwiesen.

Die in meiner Sicht wichtigsten Fragenkomplexe seien kurz noch zur Sprache gebracht.

— Mit einer Unterscheidung zwischen der syntaktisch-qualitativen und der metrisch-quantitativen Komponente der IR-Analyse läßt sich sagen, daß in diesem Aufsatz die metrisch-quantitative Komponente im Vordergrund stand. Sicher ist das durch die Thematik des Bandes gerechtfertigt, es sollte aber nicht darüber hinwegtäuschen, daß der syntaktisch-qualitativen Komponente der IR-Analyse eine Art von Primat zukommt.

Dieser Primat gilt gerade auch hinsichtlich der hier neu vorgelegten Möglichkeit, Teilfolgen zu verrechnen. Es ist derart freilich auch klar, daß die metrikbezogene Konsistenz der Isolierungsprozedur nicht hinreichend für ihre Rechtfertigung ist. Unter 2.0 finden sich zwar weiterreichende Plausibilitätsüberlegungen. Diese müssen aber systematisch „hart" gemacht werden.

— Ganz allgemein besteht auf der syntaktisch-qualitativen Seite das Problem, wie Analysen für verschiedene Strukturierungsordnungen i zusammengefaßt werden können. Ein Instrument hierfür ist in Form der sogenannten *Projektionssequenz* entwickelt worden. Man erhält diese, wenn man die einzelnen S_k durch diejenigen (verschiedenen) i charakterisiert, für die sie Initial eines i-gramms sind, dem ein i-gramm mit gleichem Initial benachbart ist (bzw. für die sie in zugehörigen IR-Strukturen gleiche gleichspaltige Vorgänger bzw. Nachfolger haben). Mit der anschließbaren syntaktischen Klassifikation wird den ursprünglich distributionsanalytischen Motiven für die IR-Analyse (vgl. [3], S. 116—119) entsprochen.

— Die IR-Analyse weist eine Reihe von Gemeinsamkeiten mit der Informationstheorie und -statistik auf. Ich wage die Behauptung, daß im Primat der syntaktisch-qualitativen Komponente bei der IR-Analyse gewisse Vorzüge gegenüber Analysen zum Ausdruck kommen, die an einer probabilistischen Theorie der (Re-) Generierung von Symbolketten orientiert sind. Eine Theorie von letzterer Art scheint einerseits weniger syntax-sensitiv zu sein als die formale IR-Technik, die andererseits den Charakter der für eine Erklärung aufgewiesener Repetitivität benötigten Theorie nicht präjudiziert.

Damit wiederum ist die Frage der (nicht nur statistischen) Validität IR-analytischer Resultate völlig offen. Dies hat insofern seine Richtigkeit, als das Verfahren sonst bereits mehr wäre als eine formale Heuristik. Es wird freilich seine Nützlichkeit in wissenschaftlicher Praxis nicht unter Beweis stellen können, ohne daß eine einschlägige Validisierungsproblematik gelöst wird. Ich qualifiziere hier durch das Attribut „eine einschlägige" und durch den Hinweis auf wissenschaftliche Praxis, weil ich nicht der Auffassung bin, daß die Validitätsproblematik invariant gegen die Anwendungsbereiche einer formalen Heuristik ist — so sehr einer formalen Heuristik, ihrem Begriff nach, eine solche Invarianz zukommt. Auch sehe ich keine Veranlassung, diesen Standpunkt im Hinblick auf statistische Signifikanz — diese aufgefaßt als Teilproblem der Validität — abzuschwächen. Es läßt sich eine Metrik denken, welche die Aussage ermöglicht, Signifikanzprozeduren wiesen, hierin formalen Heuristiken vergleichbar, größere Invarianzen bezüglich der Anwendungsbereiche auf als sonstige Validisierungsverfahren. Auch unter dieser Annahme vermag ich nicht zu sehen, daß Invarianzen gleichen Ausmaßes hier wie dort solche von gleicher Art sein müssen.[21]

Mit derartigen Vorbehalten wird es nützlich sein, auf der quantitativ-metrischen Seite die Beziehungen zwischen Informations- und IR-Maßen zu untersuchen. Dabei können Möglichkeiten der probabilistischen Theoretisierung von IR-analytisch aufgedeckter Repetitivität untersucht werden, und es kann dabei neben anderen inferenzstatistischen Befunden auf vorliegende Ergebnisse zur statistischen Signifikanz von Informationsmaßen zurückgegriffen werden.

Unter dem Gesichtspunkt des Aufwands und der materialen Bedingungen für ihre Realisierung[22] brauchen die IR-Maße den Vergleich mit Informationsmaßen nicht zu scheuen. Man darf bei der Beurteilung des Aufwandes in Rechnung stellen, daß die IR-Analyse in allen bisher realisierten und projektierten Bestandteilen als Algorithmus darstellbar und automatisch realisierbar ist. Die Technik der Darstellung von Symbolfolgen dürfte sogar noch informationsstatistischen Analysen zugute kommen.

— Einen interessanten algebraischen Aspekt hat das Problem, daß eine jeweils erste Symbolrepetition im Abstand i gegenüber einer (durch i) begrenzten Zahl nachfolgender Repetitionen privilegiert wird, indem sie einen Zeilenwechsel bzw. eine erste Blockspalte determiniert, ohne daß diese Privilegierung ein interpretatives Gegenstück haben müßte. Metrisch-quantitativ ist das Problem gelöst, indem R ganz von jener Privilegierung unabhängig ist, Q ausschließlich von ihr abhängt und D beide Repetitionsformen, sollen sie unterschieden werden, zueinander in Beziehung setzt. Der algebraische Aspekt des Problems besteht in der Frage, ob und wie die mit Privilegierung jeweils erster Repetitionen erhaltene Struktur vor „neutraleren" Strukturen ausgezeichnet ist, die man sei es im Anschluß an einen „Transport" der Symbole in F[23], sei es durch Erweiterung der Dimensionalität bei der Konstruktion gewinnen könnte.

Anmerkungen

[1] Ich sehe davon ab, hier die wissenschaftstheoretische Problematik zu erörtern, die mit der doppelten Aufwertung der Heuristik – durch Zuerkennung eines Zielbezugs und Verbindung mit technischer Elaboriertheit beliebigen Grades – verbunden ist. Einer bestimmten Art der Geringschätzung von discovery procedures kann ich mich nicht anschließen, denn die wissenschaftstheoretische Zuständigkeit für diesen Aspekt wissenschaftlicher Kreativität scheint mir nicht damit erledigt, daß KEKULE von STRADONITZ den Benzolring träumte. (Vgl. auch RICHTER [2]).

[2] Es kann hier vernachlässigt werden, daß seine technische Komponente auch in anderen Zielbezügen – vielleicht als Repräsentationstechnik zur Effektivierung von Datenverarbeitung – eine Rolle spielen kann.

[3] In R–W [3] (= RICHTER und WEIDMANN [3]) wurde im Hinblick auf die Repräsentation von Sprecher-Folgen zusätzlich „die unmittelbare Aufeinanderfolge gleicher Symbole . . . ausgeschlossen" (S. 139).

[4] R–W [3] läßt nur $i \geqq 2$ zu, projektiert aber (S. 120) die Einbeziehung von Monogrammen.

[5] R–W [3] gibt S. 140f. eine andere Konstruktionsvorschrift (in allgemeinerer sprachlicher Form).

[6] Der Folge F des Beispiels 2 liegen 90 Sätze eines wissenschaftlichen Textes (von H. Schnelle, [4]) zugrunde, deren Anfangsglieder grob syntaktisch klassifiziert wurden. Die Buchstaben "S", "K" usw. symbolisieren die Subsumtion des Satzanfangs unter eine bestimmte Klasse.

[7] Für die maschinelle Realisierung der Strukturen empfiehlt sich – namentlich im Hinblick auf die Verrechnung und Kombinierung der Information aus IR-Strukturen für verschiedenes i zur „Projektionssequenz" – die Einbettung der fundamentalen Konstruktionsvorschrift in ein umfassenderes Programm.

[8] In R–W [3] wird grundsätzlich in ersten Blockspalten (und nur dort) allein das oberste Symbol ausgeschrieben („vor Spalten gezogen").

[9] Man beachte, daß (S2) lediglich der – in Klammern stehenden – Umkehrung zu (S1) entsprechen kann, was unmittelbar einsichtig wird, wenn man das Beispiel 4 in der fünften Zeile durch ABCDEZ fortgesetzt denkt. Insofern ist (S2) – leider – nicht der allgemeinere Satz, der (S1) als Spezialfall, für $d = 0$, einschließen würde. Während bei $d < 0$ offenbar stets $i > |d|$, ist das Größenverhältnis zwischen i und $d > 0$ nur durch n restringiert.

[10] Bezüglich der Definition der repräsentativen Zeilenkoordinaten werden keine Zusatzbestimmungen benötigt, da i als Spaltenkriterium auftritt.

[11] Auch wenn S_{18} ein E ist, kann der neu entstehende Block keinen Einfluß auf die Endkoordinaten haben.

[12] Ohne Einführung der repräsentativen Folge müßte explizit vorausgesetzt werden, daß $\frac{n_{x,y}}{h} \geqq i$. Es könnten nämlich bei $(n=) n_{x,y} = 6$, $i = 4$ zwei Zeilen anfallen, womit ein – sinngemäß definiertes – $Q_4 = 2$ sein würde. Für dieses Beispiel wird v mindestens 8, bzw. η nur dann größer als 2, wenn v entsprechend wächst. Der hierbei für $v = 8$, $\eta = 2$, $i = 4$ (Situation END2!) erhaltene Quotientenwert 1 entspricht beiläufig der Rechnung.

$$\frac{4(1\,2/4 - 1)}{6 - 4} = 1$$

Anscheinend werden durch das Repräsentationsprinzip eventuelle Vorzüge der Einführung gebrochener Zeilenzahlen wahrgenommen, ohne daß man sich auf deren mögliche Nachteile einlassen muß: Mindestens hätten bestimmte definitorische Konsequenzen der Konstruktionsvorschrift und die Formeln (6) revidiert werden müssen.

Der hauptsächliche Mangel einer rein quantitativen Ad-hoc-Festsetzung $\dfrac{n_{x,y}}{h} \geqq i$ für die Zulässigkeit der Berechnung von Q_i hätte angesichts der Zulässigkeit von END2 und analoger Teilfolgen-
bildung darin bestanden, daß $Q_i = 1$ bei strukturell verschiedenen Fällen aufgetreten wäre, z. B.:

$i = 3$ a) B C D   b) A B C D
          B E D   B E D
          B E F   B E

Das Repräsentationsprinzip ist selbst ein strukturelles, desgleichen die daraus abgeleitete quantitative Beziehung. Gleiche Quotienten haben einerseits

a_1) B C D und a_2) B C D; andererseits b_1) A B C D und b_2) A B C D
      B E D   B E D   B E D   B E D
      B E F   B E   B E F   B E

[13] Zu b: Der Zähler in der Ungleichung (13.2) kann nicht 0 werden, da vorausgesetzt wird, daß *ein*
Q größer als das andere, also von 0 verschieden ist; unter dieser Voraussetzung müssen aber, da
$\eta_1 = \eta_2$ sein soll, beide Zähler von 0 verschieden sein.

Daß in Fig. 2 nicht-ganze Zeilen- und Spaltenzahlen auftreten, während in (10) nur mit ganzen Zahlen eingegangen werden kann, bedeutet keine Schwierigkeit. Vielmehr ist zu interpretieren: Selbst
wenn gebrochene Zeilen- und Spaltenzahlen vorkämen, würde ein monotones Wachstum von Q_i in
der angegebenen Weise bestehen.

In (11) und (12) tritt v nicht als unabhängige Variable auf. Dementsprechend streben die einzelnen
Linienzüge in Fig. 2 keine Asymptote bei einem bestimmten endlichen v bzw. $\dfrac{v}{i}$ (vgl. (11″) und (12′))
an. Für $i = 2, \eta = 4, \varphi = 20$ z. B. ist – nach (4) $-v = 26$, während sich für $i = 2, \eta = 4, \varphi = 14$ ein $v =$
20 ergibt. In der Tat kann Q_i nur dann 0 werden, wenn $\eta = 1$ ist (10) bzw. wenn $\varphi \gg \eta$ wird (12″).
So gehören zu $i = 2, \eta = 4; Q_i = 0,01$ bzw. $i = 2, \eta = 4; Q_i = 0,001$ nach (11) φ-Werte von 596 bzw.
5996 ($v = 602$ bzw. 6002). Auch wird Q_i nur dann 1 werden, wenn $\varphi = i$ ist (10) bzw. $\eta \gg \varphi$ wird.
Zu $i = 3, \varphi = 5; Q_i = 0,99$ gehört nach (12) $\eta = 67$; für $i = 3, \varphi = 5; Q_i = 0,999$ muß η auf 667 stei-
gen ($v = 203$ bzw. 2003).

Es sei darauf hingewiesen, daß das *Verhältnis* von Zeilen- und Spaltenzahl nur für $Q_i > 0$ und $Q_i < 1$
definiert ist; geht man mit $\eta = 1$ in die verschiedenen Q_i-Größen entsprechenden Ausdrücke (11)
ein, ergibt sich durchgängig $\varphi = i$. (Trotzdem ist natürlich Q_i für $\eta = 1$ im allgemeinen definiert; sein
Wert beträgt, mit einer konsistenten Ausnahme, für $\eta = 1$ eben 0.) Eine entsprechende Unbestimmtheit im Grenzfall gilt bezüglich (12). Geht man hier in die verschiedenen Q_i-Größen entsprechenden
Ausdrücke mit $\varphi = i$ und mit $i = \varphi$ ein, berechnet sich überall $\eta = 1$. Insgesamt läßt sich feststellen,
daß Q_i für $\eta = 1, \varphi = i$ nicht definiert ist. Dieser Fall wäre nur denkbar mit $v = i$, was indes nach (3)
ausgeschlossen ist. Man vergleiche den Wert $\dfrac{0}{0}$, der sich dabei in (10/10.1) ergeben würde.

[14] Hierfür wurde in R–W [3] der Koeffizient κ_i benutzt. Für repräsentative Folgen müßte definiert
werden

$$\kappa_i = \frac{\eta - 1}{\eta + \varphi - (i+1)} = \frac{i(\eta - 1)}{v + i(\varphi - i) - \varphi}$$

κ_i variiert im gleichen Sinn wie Q_i zwischen 0 und 1. „Bei $\kappa_i = 0,5$ enthält die IR-i-Struktur ... i-1
Spalten mehr als Zeilen ... " (a. a. O., S. 121). Die Transparenz des Maßes hängt von einer bestimmten Interpretation der IR-Strukturen ab, die in diesem Aufsatz keine Rolle spielt.

[15] Eine mit der von (S6) für R_i vergleichbare Funktion für Q_i hatte (S4).

[16] Es liegt mir allerdings fern, hiermit den generell-wissenschaftstheoretischen Standpunkt zu vertreten,
die ungesicherte Unterstellung einer Regularität sei unter allen Umständen das kleinere Übel; die
ungesicherte Leugnung einer Regularität kann schlimmer sein, auch wenn sie mit einer stillschwei-
genden Negativontologie „kritischer" Geister besser harmoniert.

[17]) Das entsprechende Maß in R−W [3] ist λ_i; hierbei wird die Zahl repetierter Initiale benachbarter vollständiger i-gramme auf $n-i+1$, die Zahl der insgesamt bildbaren vollständigen i-gramme bezogen. Das Insistieren auf vollständigen i-grammen erklärt sich aus der abweichenden Interpretationstendenz bei den Gesprächssequenzen; es bedingt für die Festlegung des Zählers zwei eigene Zusatzregeln (a. a. O., S. 123 f.).

[18]) Daß mit Supplementen aus unvollständigen i-grammen gerechnet wird, ist konsistent mit der Zulässigkeit von END 2, nicht aber spezifisch für diesen Fall. Ein solches Spezifikum besteht erst darin, daß von der $(n+1)$-ten − als der $(\nu-i+2)$-ten − Stelle ab virtuelle Symbole hinsichtlich der Interpretation des Nenners als mögliche Initiale betrachtet werden.

[19]) Ist $R_i = 1$, besteht die IR-i-(Teil-)Struktur aus einem Block von i Spalten, in denen jeweils nur gleiche Symbole stehen; wenn $R_i = 1$, ist auch $Q_i = 1$.

[20]) Die streckenweise Korrelation zwischen $\overline{Q}_{i,l}$ und $\overline{D}_{i,l}$ reflektiert eine Eigenschaft des Datenmaterials; sie folgt nicht aus der Definition der Maße, sondern ist ein Analyseergebnis.

[21]) Die Verbreitung von Signifikanzprozeduren besagt kaum etwas über ihre Berechtigung. 5 Prozent sind zunächst eine unter bestimmten betriebsökonomischen Bedingungen tragbare Ausschußquote, und die Varianzanalyse hat zum Glück ihre Transparenz für landwirtschaftliche Feldversuche nicht verloren; als metatheoretische Beweismittel sind solche Technikelemente dort nicht zulässig, wo das Verhältnis zur jeweiligen Objekttheorie nicht geklärt ist. (Weitere Aspekte der Problematik in [1].)

[22]) Die Realisierbarkeit informationsstatistischer Maße wird namentlich für größere Werte von i kritisch.

[23]) Dieser Gedanke wurde schon in R−W [3], S. 124 f., vertreten, allerdings unter einem Bezug auf Hilfskonstruktionen im Zusammenhang mit den Maßen κ_i und λ_i, der angesichts des neuen Maßsystems überflüssig ist.

Bibliographische Angaben

[1] *IKP-Arbeitspapier über Kommunikationsforschung,* darin speziell „Grundlegung der Informationserschließung für die Kommunikationsforschung" von W. KEMNITZ und J. WEIDENHAMMER (unveröffentlicht).

[2] RICHTER, H.: *Ist die Problemstellung eine Fragestellung?* Ein Diskussionsbeitrag zur Frage der Orientierung in der Wissenschaft. (in Vorbereitung).

[3] RICHTER, H., und WEIDMANN, F.: *Semantisch bedingte Kommunikationskonflikte bei Gleichsprachigen.* Mit einem Vorwort von G. UNGEHEUER. Projekt des Landesamtes für Forschung, NRW. IPK-Forschungsbericht 69−2.

[4] SCHNELLE, H.: *Theorie und Empirie in der Sprachwissenschaft;* in: H. PILCH und H. RICHTER (eds.): Theorie und Empirie in der Sprachforschung, Professor EBERHARD ZWIRNER zum 70. Geburtstag gewidmet. KARGER, Basel/München/Paris/New York 1970.

[5] WEYL, H.: *Philosophie der Mathematik und Naturwissenschaft.* Leibniz Verlag (Oldenbourg), München o. J. (2. Aufl.).